U0225252

算时间的秘诀

[英]费利西娅·劳 安·斯科特 著 陶尚芸 译

电子工业出版社
Publishing House of Electronics Industry
北京·BEIJING

这是"坏蛋谷"的清晨。

太阳升起来了，照耀在"涂鸦城"的上空，点亮了通往城外的弯弯曲曲的道路——穿过"嗨哟山"，通向"嘎吱峡"。

太阳真想停住脚步啊，可惜它做不到。

即使是太阳，也得"三思而后行"，它也不敢轻易闯进"坏蛋谷"……

惊醒那里的盗贼们。

2

可是，今天太阳找不到躲藏的地方，只好壮了壮胆，摆出一副勇敢的面孔。

（当然啦，盗贼们也许都还在睡觉，并没有打算出来干坏事。这样的话，整个早晨就可以安然度过，不会发生任何坏事了。可惜，这种可能性要多小就有多小。）

果然，今天盗贼们可不想睡懒觉。

这帮盗贼的头儿拉拉提的脑子里已经有了一个特别坏的主意。

盗贼们正聚集在摇摇晃晃的破窝棚外面——这就是他们的家园，聆听拉拉提最新的"计划"。

至少——大多数人都来了。

4

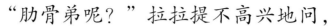

"肋骨弟呢？"拉拉提不高兴地问，
"我特别提醒过大家要准时！"

"10分钟前我就到了，我来得早。"
"长指妹"芬格丝回答道。
"我们也按时来的。""喵喵姐"凯
蒂和"肌肉哥"玛瑟异口同声地说。

拉拉提很生气。毕竟，他说
的"大家"指的可是"全员"，
尤其是有活儿需要干的时候。

一天

我们在一**分钟**里做了什么，或者在记事簿里写的**日期**或**星期几**，这些都是衡量时间的方式。但对我们大多数人来说，"**天**"这种衡量方式最常用。

4000多年前的古埃及人利用**太阳**作为测算时间的指南。他们测量了太阳经过一个白天和一个黑夜之后回到天空中原来位置所用的时间。然后，他们把这段时间划分成24个相等的部分，1个部分是1**小时**——**白天**12个小时，**夜晚**12个小时。

"肋骨弟"里布斯终于来了。

"你迟到了！"拉拉提说。

"我怎么知道？"肋骨弟说，"我只知道天黑时是夜晚，天亮时是白天。"

在一**年**中的不同季节里，地球上不同地方的白天和夜晚的长短是不一样的，但一整天的总长是不变的，都是24个小时！

"好吧！"拉拉提说，"我已经查看了我的日程表，明天我有空。呃——实际上，我整个星期都有空。好吧，事实上，我整个月都有空。"

"我也有空。"喵喵姐说。

长指妹、肋骨弟和肌肉哥也同时想到了各自空白的日程表，他们都有空。

"所以，"拉拉提说，"我想出了一个日程计划。它可是一件坏事，坏透了的那种！"

这听起来好像是拉拉提最擅长的那种事。

"我们都洗耳恭听！"肋骨弟说。

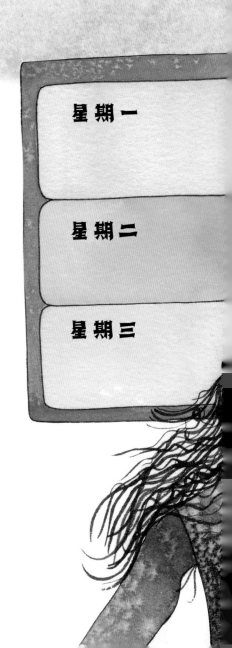

星期一

星期二

星期三

日历

人们用日程表或**日历**来记录日子的推移。日程表有更多的空间来写个人笔记、做计划或记录**预约事项**。日程表和日历上都印有一年中每天的细节信息，并按星期和**月份**进行分组。

日程表和日历可以记录一年中的特殊节日或其他事件。它们可以记录你的生日，也有助于提醒你别人的生日！

星期四

星期五

星期六　星期天

当我们谈话、写作，甚至思考事情的时候，会使用不同的**时态**——过去时态、现在时态和将来时态，它们分别表示某件事已经发生、正在发生和将来会发生。世界上有的语言在使用动词或行为词时要根据时态的不同做出相应的区分，而有的语言并不需要做明显的区分。

拉拉提告诉手下，一场旧汽车拉力赛即将举行。大量汽车将从"涂鸦城"出发，穿越"嗨哟山"，到达"嘎吱峡"。他们将要全员出动去"捧场"。（好吧，确切来说——不是"捧场"，更像"砸场"！）

　　拉拉提说，这个计划里最关键的点是时间。所以，他首先要确认，大家是不是都知道怎么看时间。

当然，他们
并不知道！

10

计时

拉拉提说，他有一块手表。它虽然是块旧手表，但有时走得很准。

他要用这块表来教大伙儿看时间。

几千年前，世界上还没有钟表或日历，人们利用太阳、**星星**、流沙等来计时。

太阳

太阳升起时，人们就醒来；太阳落下时，人们就上床睡觉。白天，他们可以根据太阳在天空中的位置，来判断这一天还剩下多少时间。

星星

古埃及人和古罗马人通过观察某些特定的星星升起的时间，来划分夜晚的时间段。

日晷（guǐ）

人们还把一根棍子笔直地插在地面上，当太阳在空中移动时，棍子就会投下影子。他们沿着影子的路径放置石头，将一天分成若干时间段。

沙钟

沙钟又叫沙漏，由两个中空的玻璃球和一段又短又窄的连接管组成。

我们可以假定，沙子从一个球全部漏进另一个球需要1分钟，也就是60秒。

虽然费了不少劲，但肋骨弟最终还是弄明白了：表盘上有两根指针，较长的那根叫分针，指向分钟；较短的那根叫时针，指向小时。

肌肉哥勉强能数到12。他明白了：时针转一圈表示12个小时过去了。

喵喵姐知道了：时针一天要转两圈。一圈是白天的12个小时，一圈是晚上的12个小时。

长指妹清楚了：分针指向12时，表示整点；指向3时，表示1刻钟（即15分钟）；指向6时，表示半点（即30分钟）；指向9时，表示3刻钟（即45分钟）。

白天　　夜晚

整点

3刻钟　　　1刻钟

半点

钟表

几个世纪以来，人们一直用**指针式钟表**来计时。它带有数字钟面（表盘）和两根指针。钟面上每两个相邻数字之间的间隔是5分钟。如果时针指向10，分针指向5，那就是10点25分，或表示为10:25。

拉拉提觉得，大伙儿掌握得差不多了。

在西方国家，一天被分成两个部分。"**AM**"表示上午，源自拉丁语Ante Meridiem（午前），时间跨度为从前一日的午夜到次日的正午。在钟表上，时间是从午夜（24:00）到正午前一分钟（11:59）。"**PM**"表示下午，源自拉丁语Post Meridiem（午后），时间跨度为从正午（12:00）到午夜前一分钟（23:59）。

12AM和12PM常常容易弄混。12AM其实就是午夜，更恰当的说法是午夜12点。12PM其实就是正午12点。

他把手表递给长指妹，并任命她为这场汽车赛伏击战的报时员。

13

长指妹想知道自己具体要做些什么，于是拉拉提开始解释……

"旧汽车拉力赛10点左右开始，汽车从涂鸦城出发。"他说。

"参赛的队伍一共有10辆车，每隔5分钟，就有一辆车离开城区。"

接着，拉拉提画了一个时间轴。

10:00	10:05	10:10	10:15	10:20
10辆车在 涂鸦城集结	1号车 发车	2号车 发车	3号车 发车	4号车 发车

时间轴

当事件一个接一个发生时，我们把它们依次记录下来，并连成串，这就是**时间轴**。

这些事件的变化过程可能持续几年、几十年或几百年。

为了记录宇宙诞生以来所发生的一切，科学家们创造了时间轴，用来记录过去几十亿年以来发生的重要事件。

"在路途中的某个地方，会有一辆车失踪。那是一辆相当漂亮的车，它将会属于我们。"

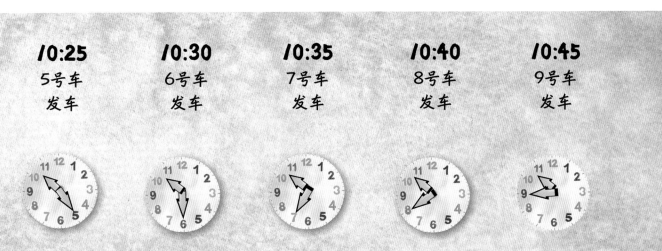

10:25	10:30	10:35	10:40	10:45
5号车发车	6号车发车	7号车发车	8号车发车	9号车发车

10:50
10号车发车

"我感兴趣的是10号车。" 拉拉提说。

"为什么？" 肌肉哥问。

"因为那是最棒的车。"拉拉提回答。

"为什么？" 肌肉哥接着问。

但是，拉拉提这次并没有回答他。

他只是告诉大家，他们要等到9辆车经过之后，一起出动去更改沿途的赛道路标。

10号车将会偏离主赛道，进入狭窄的山谷……

而那里就是盗贼们要埋伏的地方。

数字钟

现在的钟表和手表通常是数字式的电子表，它们的表盘上不带指针，而是显示**数字**来表示时间。数字钟以24个小时为周期来衡量时间，以便与一天的总时数相匹配。

前12个数字表示正午之前的时间。后12个数字有点儿复杂，比如：13点相当于指针式钟表的下午1点；24点与午夜12点一样；下午4点15分显示为16：15；下午4点半显示为16：30。

数字钟没有机械部件，它们依靠电力运行。数字钟计时非常准确，可以精确到百分之一秒。

这个计划涉及很多计时和计数的技巧（可这正是盗贼们的弱项）。

还好，他们有拉拉提的旧手表，所以，一切都会顺利的。

第二天早上9点，
盗贼们准备开始行动了。

拉拉提告诉其他人准确的到达地点，
以及到达之后要做什么。

事实上，为了确保大家牢牢记住，他已
经强调过好几次了。

糊涂了吗？

数字钟	指针式钟表
0:00	午夜12点
1:00	上午1点
2:00	上午2点
3:00	上午3点
4:00	上午4点
5:00	上午5点
6:00	上午6点
7:00	上午7点
8:00	上午8点
9:00	上午9点
10:00	上午10点
11:00	上午11点
12:00	正午12点
13:00	下午1点
14:00	下午2点
15:00	下午3点
16:00	下午4点
17:00	下午5点
18:00	下午6点
19:00	下午7点
20:00	下午8点
21:00	下午9点
22:00	下午10点
23:00	下午11点

然后，拉拉提独自动身前往涂鸦城。

"千万不要搞错啦！"他再次提醒大家。

警长负责比赛的治安工作。

他站在起跑线上，准备吹响哨子。

"1号车，"他大喊，"出发！"

5分钟后，2号车出发；又过了5分钟，3号车出发了。

拉拉提对这些车根本提不起一点儿兴趣，他正盯着10号车呢。他就想要它——胜过世界上的任何东西！

10号车马上就是他的了！

21

1号车在12点的时候经过拉拉提指定的地点。

长指妹赶紧计算时间。

"如果1号车10点离开的涂鸦城，现在是12点，那么它只花了两个小时就到了这里。"

"拉拉提说过每5分钟发一辆车，那么，10号车什么时候能到呢？"

没有一个人回答她。

"好吧，"长指妹说，"我自己来算！"

需要多长时间？

从一个地方到另一个地方需要的时间取决于你的**速度**，而速度取决于你在给定的时间内走了多少距离。速度通常用"**千米/时**"来表示。

没有什么东西比光的速度更快。在没有空气的真空环境中，光以每秒约299792千米的速度传播。假设一个物体以**光速**运动，那么它可以在1秒钟内环绕地球运行七圈半。

难题来啦！

你能帮帮长指妹吗？

1号车正午12点到达指定地点，接下来还有9辆车。每辆车都比前一辆车晚5分钟，所以10号车比1号车晚9个5分钟。

$9 \times 5 = 45$

现在，长指妹算出来了吗？

电磁波的传播速度与真空中的光速相同。电视机接收到这样的电磁波后就可以获得相应的图像了；手机则依靠这种电磁波让你可以看到5000千米以外的人正在做什么。

23

现在的问题是，旧手表不能
保证一直走得准。

旧手表有时走得快，有时走得慢，
拉拉提的手表就是这样。

旧汽车也是这样。

旧汽车有时跑得快，有时
跑得慢，有时候根本不跑。10
号车就是这样。

世界时间

许多年前，世界各地的科学家们达成共识：地球上的时间以**秒**作为最小的计时单位，一年有31556925.9747秒。今天，我们都用这个精确的时间单位来设置钟表。

虽然我们都用相同的秒、分钟、小时的长度来衡量时间，但一天的时间变化取决于我们生活在地球上的哪个地方。各地都有自己的时间设置，这主要根据当地的日出和日落时间来确定。比如，有的地方的晚上8点，却是另一个地方的早上8点。

这下麻烦了……

今天，一些钟表通过与太空中的卫星相连而实现自动对时。

时间换算

1分钟有60秒。
1小时有60分钟。

1天有24小时。
1个星期有7天。

1个月有4个星期（多一点儿）。
1年有12个月。

现在，大多数国家使用众所周知的**公历**。地球绕太阳公转所需的时间，称为"太阳年"。一个太阳年恰好是365.2425天。

一年有365天（多一点儿）。

很久以前，人们观察到，一个月真的是只有一个"月亮"。这就是从一个新月到下一个新月的时间，大约29.5天。但是，12个这样的"月亮"加起来只有354天。为了使"月亮"的总数加起来等于一年的天数，我们设置的月份有长有短。

为了凑整，每一年我们计为365天，这样一来，几乎每四年就会多出一天来。这一年就叫作**闰年**，有366天。

数到9辆车经过之后，肌肉哥就得马上切换赛道路标。说到数数，肌肉哥可不是个靠谱的人。

但他这一次数对了。当9号车从他身边驶过后，他轻手轻脚地来到十字路口，切换了赛道路标。

现在的箭头指向了黑暗狭窄的峡谷，而他的同伙正在那里等着……

这边是赛道

当最后一辆车进入视野时，旧手表上的时针正好指向1点。

"就是它！"长指妹说，
"10号车！"

"行动！"肋骨弟发号施令。

10号车越来越近了。

"真奇怪，"喵喵姐说，"你们觉得拉拉提真的想让我们去伏击警长大人的车吗？"

结果就是，警长很快制服了他们，并给他们戴上了手铐，准备送他们进监狱。

　　警长说："你们这次做得太过分了。我要以密谋伏击警长和警车的罪名逮捕你们！"

30

当然，拉拉提需要好好解释一番了。他向警长保证，他们真的不是想伏击他的车。事实上，他们从来没想过要伏击一辆警车。（当然，他也不敢提他们想伏击的是10号车！）

"真是个天大的误会！"拉拉提说，"我们真的、真的很抱歉。"

"好吧，"警长说，"如果你们把这些脏兮兮的赛车都清洗干净，我就放了你们。但是，不要再干坏事了！"

一切都乱套了！拉拉提懊恼地想，他们本来能干出一件大事的。

现在只能卖力地洗车了！

帮帮拉拉提吧！

拉拉提应该把10号车的牌子告诉手下。这样的话，他们就会知道，警长的车不是10号车了。可惜……

不过，拉拉提开始的时候做对了几件事！

他教会手下怎么看时间。他教会他们数数：5秒、10秒、12秒、60秒。他们还进行了大量的练习。他还让大家明白了钟表是怎么计时的。

当然，数字钟比旧手表靠谱多了，如果盗贼们打算再策划一次类似的行动的话，他们或许应该不再用拉拉提的旧手表！

认识时间

学习计算时间

要珍惜时间

本书中文简体版专有出版权由BrambleKids Ltd授予电子工业出版社，未经许可，不得以任何方式复制或抄袭本书的任何部分。

版权贸易合同登记号　图字：01-2021-3685

图书在版编目（CIP）数据

假如盗贼学数学.算时间的秘诀／（英）费利西娅·劳（Felicia Law），（英）安·斯科特（Ann Scott）著；陶尚芸译. ——北京：电子工业出版社，2022.3
ISBN 978-7-121-42955-2

Ⅰ.①假…　Ⅱ.①费…　②安…　③陶…　Ⅲ.①数学－少儿读物　Ⅳ.①O1-49

中国版本图书馆CIP数据核字（2022）第026295号

责任编辑：刘香玉
印　　　刷：北京利丰雅高长城印刷有限公司
装　　　订：北京利丰雅高长城印刷有限公司
出版发行：电子工业出版社
　　　　北京市海淀区万寿路173信箱　邮编：100036
开　　　本：889×1194　1/16　印张：13.5　字数：92.4千字
版　　　次：2022年3月第1版
印　　　次：2022年3月第1次印刷
定　　　价：128.00元（全6册）

凡所购买电子工业出版社图书有缺损问题，请向购买书店调换。若书店售缺，请与本社发行部联系，联系及邮购电话：(010) 88254888，88258888。

质量投诉请发邮件至zlts@phei.com.cn，盗版侵权举报请发邮件至dbqq@phei.com.cn。

本书咨询联系方式：(010) 88254161 转 1826，lxy@phei.com.cn。

小猛犸童书

假如盗贼学数学

谜一样的质量

[英]费利西娅·劳 安·斯科特 著 陶尚芸 译

电子工业出版社·

Publishing House of Electronics Industry

北京·BEIJING

就在"涂鸦城"外不远的地方，在穿过"嗨哟山"、通向"嘎吱峡"的弯曲的道路上，竖立着一个路标。

路标上的箭头凌乱地指向四面八方——灰突突的天空、脏兮兮的山、浑身长刺的仙人掌、巨型仙人球。

2

只有最机灵的旅客才会发现，有一个破损的箭头指向了通往坏蛋谷的那条石子儿路。如果他顺着箭头的方向出发……

前往那个摇摇晃晃的破窝棚，他就会遇到一帮令人闻风丧胆的盗贼——

拉拉提是这帮盗贼的头儿。

3

这是一个清晨，盗贼们聚在一起聆听拉拉提的最新计划。

如果拉拉提的计划是个恶作剧，他们会极其热衷地去实施；如果拉拉提的计划是做好事，他们也喜欢去做……（当然这种情况并不常有。）

不管怎样，今天拉拉提带来了一个关于体育赛事的消息。

奥运会即将在涂鸦城举行！

5

"比赛！""肋骨弟"里布斯兴奋地说，

"我们能参加比赛吗？"

拉拉提告诉他，这不是他经常参加的那种游戏类比赛，这是非常正规的体育运动会。世界上优秀的运动员都将前来参加，竞争会非常激烈。

"不过，"拉拉提说，"在各项
比赛中胜出的运动员将赢得金牌！"

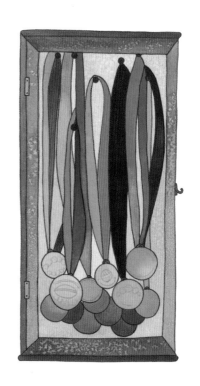

他的话立刻引起了大家的兴趣，
"金——"他们齐声喊道，"金牌！"

奥运会

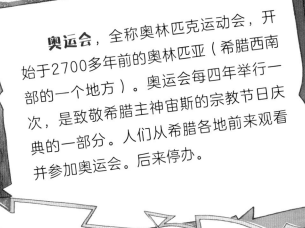

奥运会，全称奥林匹克运动会，开始于2700多年前的奥林匹亚（希腊西南部的一个地方）。奥运会每四年举行一次，是致敬希腊主神宙斯的宗教节日庆典的一部分。人们从希腊各地前来观看并参加奥运会。后来停办。

"我的计划就是——"拉拉提说，"去偷金牌。"

1894年，法国男爵皮埃尔·德·顾拜旦建议重新举办这项古老的体育赛事。两年后，现代夏季奥运会在希腊诞生。如今，**冬季奥运会**和**夏季奥运会**每两年交替举办一次。

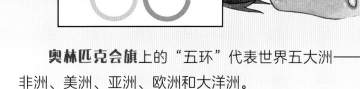

奥林匹克会旗上的"五环"代表世界五大洲——非洲、美洲、亚洲、欧洲和大洋洲。

盗贼们很擅长偷东西，这简直是他们的拿手好戏！他们不擅长数学，不擅长烹饪，也不擅长骑摩托车——但偷东西，他们很在行。（好吧，他们以为自己很在行呢！）

　　可是很快，拉拉提就生气地发现，他们根本没有机会偷到金牌。因为警长大人日夜守护着它们！

运动项目

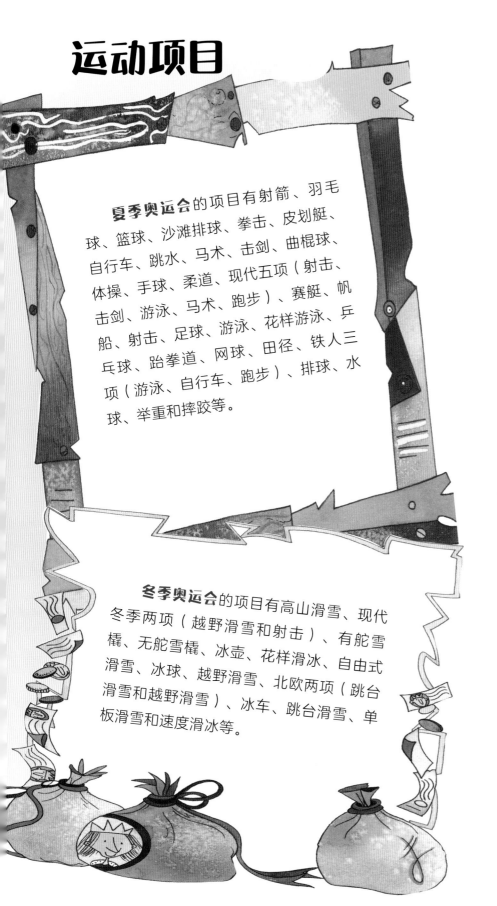

夏季奥运会的项目有射箭、羽毛球、篮球、沙滩排球、拳击、皮划艇、自行车、跳水、马术、击剑、曲棍球、体操、手球、柔道、现代五项（射击、击剑、游泳、马术、跑步）、赛艇、帆船、射击、足球、游泳、花样游泳、乒乓球、跆拳道、网球、田径、铁人三项（游泳、自行车、跑步）、排球、水球、举重和摔跤等。

很多项目都有金牌可拿。

"嗯哼！"拉拉提说，"拿金牌应该不会太费劲……"

冬季奥运会的项目有高山滑雪、现代冬季两项（越野滑雪和射击）、有舵雪橇、无舵雪橇、冰壶、花样滑冰、自由式滑雪、冰球、越野滑雪、北欧两项（跳台滑雪和越野滑雪）、冰车、跳台滑雪、单板滑雪和速度滑冰等。

9

"好吧！"拉拉提告诉手下，"既然我们偷不到金牌，那么我们只能启动B计划了。"

B计划有点儿难。他们需要去赢金牌——凭本事赢金牌，而不是偷。

"赢金牌？"喵喵姐说，"我从来没有参加过任何体育比赛呀！"

"我也没有！"长指妹说。

肌肉哥和肋骨弟也一样。

多大?

我们周围的大多数物体，包括我们人，各自的大小都不同。有些物体在这个标准层面看可能很大，但在其他标准层面去看可能又很小。

"如果是这样的话，"拉拉提说，"那我们只好作弊了。"

幸运的是，有很多奥运会运动项目考验肌肉的力量——肌肉哥完全不成问题！

有些物体是用**体积**来衡量大小的。体积告诉我们一个物体占据了多大的空间。体积测量是一种三维（**3D）测量**，它要测量三项——长度、宽度和高度。

当我们进行测量和计算时，必须选择最佳的**测量方法**。有些测量告诉我们，某个物体的**质量**是多少，是轻还是重。还有些测量告诉我们，某个容器能容纳多少体积的物体，也就是我们所说的**容积**。

"首先，"拉拉提说，"肌肉哥可以参加举重比赛。他只需要举起那个两端装着重金属盘的杠铃。"

这个杠铃重20千克，大约是20袋糖的质量——肌肉哥感觉不是问题。但是，当开始往上加金属盘，加到左右各3个盘子的时候——嗨！

重量还是质量？

当我们举起重物时，通常会谈论它的"重量"。但严格地讲，这种说法并不准确。我们应该讨论它的**质量**，而不是**重量**。

很多人用质量和重量来表示同一个意思，其实两者并不一样。一个物体的重量取决于叫作**地心引力**的向下拉的力有多大。在外太空，也就是引力较小的地方，物体的重量也较小。

质量表示一个物体中包含多少物质。一个物体的质量永远不变，但重量会发生变化。

"我搞不定！"肌肉哥说。

拉拉提绞尽脑汁想办法。显然，最好的办法是把杠铃上的重金属盘换成轻一点儿的，比如塑料的。

但要趁没人的时候偷偷进行……

有多精确呢？

千克（kg）是国际单位制中度量质量的基本单位，也是日常生活中最常使用的基本单位之一，比如在体重计上或食品包装袋上就能发现它。

有时候，我们并不需要精确地测量物体的质量。我们只需要拿起来掂量掂量，甚至只是瞟一眼，就知道哪个物体轻、哪个物体重。

厨房秤上的刻度单位一般是克或千克。

得手之后，一切都非常顺利。

毫无意外，肌肉哥夺得了金牌。

15

肋骨弟个子高，身体的柔韧性好，他掷铁饼应该能比别人掷得更远。毕竟，铁饼很轻，只有2千克重。

重和轻

质量有三个常见的测量单位：
克、
千克、
吨。

"克"是较小的质量单位。1个回形针重约1克。1袋糖称重以千克为单位。

一旦物体重达1000千克，就是1吨了。"吨"用来计量非常重的物品。汽车、卡车和大型货物箱等都是按吨来计量的。

但拉拉提想确保万无一失，所以……

但要趁没人的时候偷偷进行……

长指妹藏在草丛里。她把肋骨弟的铁饼向后推——向后推——向后推——直到它远远超过了其他所有的铁饼。

毫无意外，肋骨弟也夺得了金牌。

17

喵喵姐和长指妹要去参加花样游泳比赛。

"你们只需要在最佳时机一起挥动手或脚，"拉拉提告诉她们，"这没什么大不了的，小菜一碟！"

现在，游泳池里装满了水——大约200万升！而长指妹不会游泳。

体积

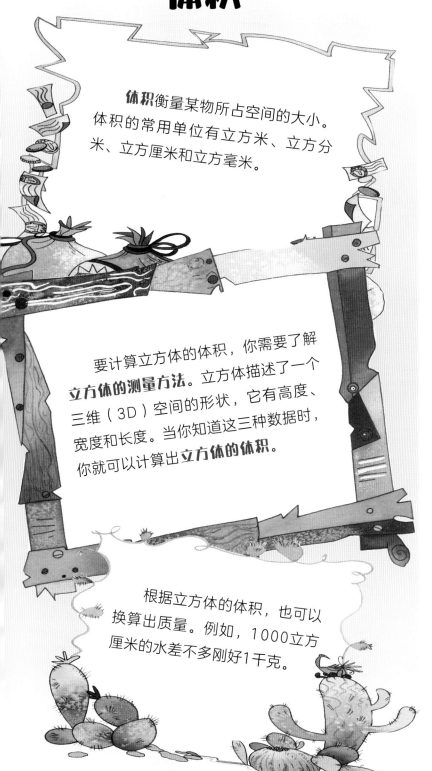

体积衡量某物所占空间的大小。体积的常用单位有立方米、立方分米、立方厘米和立方毫米。

要计算立方体的体积，你需要了解**立方体的测量方法**。立方体描述了一个三维（3D）空间的形状，它有高度、宽度和长度。当你知道这三种数据时，你就可以计算出**立方体的体积**。

根据立方体的体积，也可以换算出质量。例如，1000立方厘米的水差不多刚好1千克。

她被人从池子里捞出来前，吞了好多水。

所以，盗贼们必须想一个更好的办法。

19

测量液体

拉拉提绞尽脑汁想办法。显然，如果他们能把泳池里的水排出来一些就好了……

但要趁没人的时候偷偷进行……

计量液体的体积，如水、油等，常用到容积单位毫升和升。**毫升**是较小的容积单位。1毫升只有很少量的液体。5毫升才能装满1汤匙！毫升的符号是ml。

1升大约是一大瓶饮料的量。1**千升**可以装满4个浴缸。还有一个巨大的测量单位，叫作**兆升**，1兆升也就是100万升。兆升可以用来测量更大量的水，如湖泊。升的符号是l。

量壶上的刻度单位一般是毫升或升。

得手之后，一切都非常顺利。

现在，长指妹和喵喵姐可以做出任何的花样动作……

朝这边

朝那边

节奏准确无误！

毫无意外，长指妹和喵喵姐也夺得了金牌。

21

肋骨弟还要参加水球比赛。他要做的就是把球抛进球门。

但跟长指妹一样，他也不会游泳。

显然，要想肋骨弟轻而易举地投球，拉拉提必须想出一个好办法……

但要趁没人的时候偷偷进行……

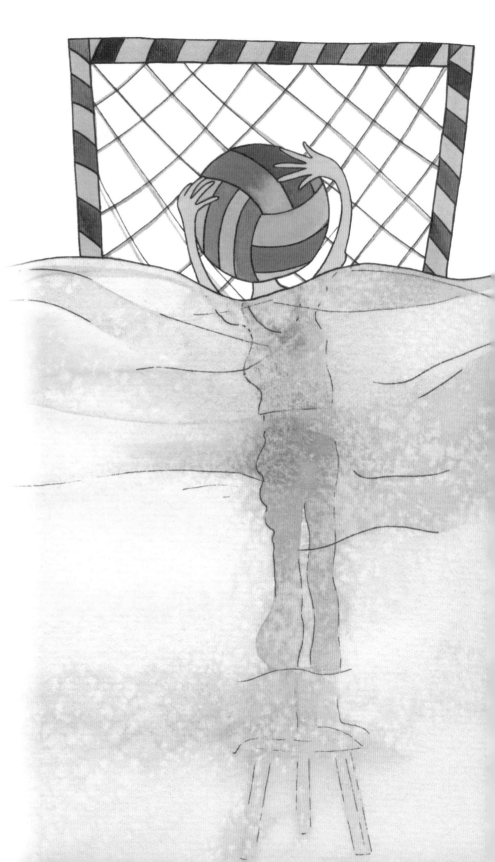

22

质量是什么？

拉拉提这一队人带着球游向对方球门……

毫无意外，肋骨弟投中了！他得分啦！

又得分啦！

接连得分啦！

肋骨弟也赢得了一枚金牌。

在地球上，一个人的体重可能重达110千克，这是地心引力把他往下拉的缘故。而在月球上，那里的引力要小得多，他的体重不足19千克。

蓝鲸的质量真的很大，可以重达17万千克左右，相当于25头大象那么重。在捕食磷虾的过程中，它一口要吸入4万升海水——这简直是一个小游泳池的水量！

英制单位

利比里亚和缅甸仍正式使用英制单位，美国使用的是美式英制单位。

质量
盎司、磅、英石、英担、英吨

1磅=16盎司≈0.454千克
1英石=14磅≈6.35千克
1英担=112磅≈50.8千克
1英吨=2240磅≈1.016吨

容积
液盎司、及耳、品脱、加仑、夸脱

1液盎司≈28.34毫升
1品脱＝4及耳≈0.57升
1夸脱=2品脱≈1.13升
1加仑＝4夸脱≈4.55升

公制单位

世界上绝大部分国家都使用公制单位。

质量
毫克、克、千克、吨

1000毫克＝1克
1000克＝1千克
1000千克＝1吨

容积
毫升、升、千升、兆升

1000毫升＝1升
1000升＝1千升
1000千升＝1兆升

立方体的测量
如果在一个长、宽、高都是10厘米的立方体中装满水，那么，水的体积就是1000立方厘米（10厘米×10厘米×10厘米）。那么，这些水的质量是1千克，容积是1升。

测量工具

厨房秤和体重计用来测量质量或重量。

量勺、量杯或量壶用来测量容积或体积。

1袋糖

1个苹果

在日常的测量工作中，我们很有必要选择合适的测量单位。大多数的**测量设备**上都标有测量单位，可供参考。

英制单位和**公制单位**经常被拿来互相比较。相等或几乎相等的单位叫作**等量单位**。例如，1品脱等于半升多一点儿。1英石大约等于6.35千克。

在估算中，我们使用了更多的等量：1袋糖重1千克；1汤匙可盛5毫升液体；1个苹果重约100克……

拉拉提的队伍在三人雪橇比赛中可能会远远落后。

仅仅靠肌肉哥的力量不足以将雪橇快速推下山坡。

拉拉提需要想出一个计划。如果那些笨重的乘客换成头盔的话，肌肉哥推雪橇的速度就会飞增……

但要趁没人的时候偷偷进行……

质量和摩擦力

沉重的物体很难移动，因为它们会摩擦地面。当两个物体相互摩擦时，它们之间就会产生一种力，叫作**摩擦力**。摩擦力是一种试图使运动着的物体减速的力。

有两种方法可以减小摩擦力。表面越光滑的物体之间的摩擦力通常越小。物体的质量越轻，摩擦力就越小。

得手之后，一切都非常顺利。　　毫无意外，拉拉提也赢得了金牌。

奥运会结束了。盗贼们你扶着我，我拉着你，
伸伸胳膊，弯弯腰……
　　他们已经筋疲力尽了！

　　在领奖之前，他们还有时间小睡一会儿。

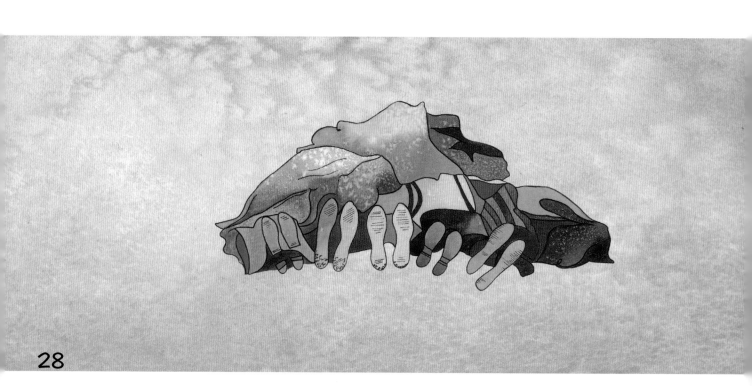

对其他运动员来说，颁奖典礼可真是无聊透顶，
因为盗贼们包揽了大部分金牌。

29

"我们为金牌得主们感到骄傲！"市长先生说。

"的确如此，"警长说，"但是考虑到这些金牌很值钱，我确信，拉拉提先生会同意把它们放在警长办公室，以便妥善保管……"

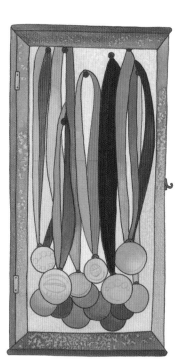

然后，警长和市长一起
离开，他们要把金牌放在安
全的地方。

一切都乱套了！

盗贼们失去了金牌，所有的"训练"
都白费了。

他们必须干点儿不一样的事了，但拉
拉提也不能确定，他们到底还能干点儿
什么！

31

如果拉拉提知道……

金牌是纯金的吗？

在1912年之前，奥运会金牌确实是纯金的。但现在的金牌都是银质的，只是在表面镀了一层薄薄的金子。

事实上，500多克的"金牌"中只含有约6克的纯金。这样一块金牌的价值只有几千元人民币。

当然，奥运会金牌真正的价值在于参与和拼搏的自豪感，而不是像盗贼们那样为了赢得金牌而赢得金牌——靠作弊取胜！

物体的质量永远不变

学习单位换算

学习估算和测量物体的质量

版权贸易合同登记号　图字：01-2021-3685

图书在版编目（CIP）数据

假如盗贼学数学.谜一样的质量 ／（英）费利西娅·劳（Felicia Law），（英）安·斯科特（Ann Scott）著；陶尚芸译. ——北京：电子工业出版社，2022.3
ISBN 978-7-121-42955-2

Ⅰ.①假… Ⅱ.①费… ②安… ③陶… Ⅲ.①数学–少儿读物 Ⅳ.①O1-49

中国版本图书馆CIP数据核字（2022）第026294号

责任编辑：刘香玉
印　　刷：北京利丰雅高长城印刷有限公司
装　　订：北京利丰雅高长城印刷有限公司
出版发行：电子工业出版社
　　　　　北京市海淀区万寿路173信箱　邮编：100036
开　本：889×1194　1/16　印张：13.5　字数：92.4千字
版　次：2022年3月第1版
印　次：2022年3月第1次印刷
定　价：128.00元（全6册）

凡所购买电子工业出版社图书有缺损问题，请向购买书店调换。若书店售缺，请与本社发行部联系，联系及邮购电话：(010) 88254888，88258888。
质量投诉请发邮件至 zlts@phei.com.cn，盗版侵权举报请发邮件至 dbqq@phei.com.cn。
本书咨询联系方式：(010) 88254161 转 1826，lxy@phei.com.cn。

小猛犸童书

假如盗贼学数学

货币那些事儿

[英]费利西娅·劳 安·斯科特 著 陶尚芸 译

电子工业出版社·

Publishing House of Electronics Industry

北京·BEIJING

就在"涂鸦城"外不远的地方，在穿过"嗨哟山"、通向"嘎吱峡"的弯曲的道路上，竖立着一个路标。

　　路标上的箭头凌乱地指向四面八方——灰突突的天空、脏兮兮的山、浑身长刺的仙人掌、巨型仙人球。

2

只有最机灵的旅客才会发现，有一个破损
的箭头指向了通往坏蛋谷的那条石子儿路。

如果他顺着箭头的方向
出发……

巨型仙人球

仙人掌

的山

3

经过一天一夜的长途跋涉，旅客会到达你现在所看到的地方——坏蛋谷的地界。

在这里，他会看到一个摇摇晃晃的破窝棚，里面住着一帮令人闻风丧胆的盗贼……

他还会听到这帮盗贼哼哼呼呼、呼哧哈哧的鼾声。

拉拉提是这帮盗贼的头儿。

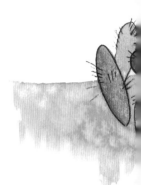

5

这天早晨，拉拉提又有了一个计划！

但是，如果他要想实施计划，就得全员出动。这意味着，要把盗贼们全都赶下床！

"立正，"拉拉提大声喊道，"站成一排！从左边开始报数！"

"1！"
"喵喵姐"凯蒂报数。

"2！"
"肌肉哥"玛瑟报数。

"来啦来啦！""长指妹"芬格丝边跑边喊。

10分钟后，拉拉提又试着让大家集合。"立正，"拉拉提大声喊道，"站成一排！从左边开始报数！"

"1！"
喵喵姐报数。

"2！"
肌肉哥报数。

"3！"
长指妹报数。

"还有我！""肋骨弟"里布斯急匆匆赶了过来。

6

又过了10分钟，拉拉提再次试着让大家集合。

"立正，"拉拉提大声喊道，"全都站成一排！从左边开始报数！"

"1！"   "2！"   "3！"   "4！"   "5！"

"全部到位，很好！"拉拉提宣布道，"我有一个计划。"

"太好了，"喵喵姐说，"我们终于有事干了！"

但是，拉拉提忘记自己的计划是什么了。毕竟，那已经是20分钟以前的事儿啦。

7

"是件坏事儿吗？"喵喵姐问。

"是件特别特别坏的事儿吗？"肋骨弟问。

"我想是吧。"拉拉提回答。

"是把市长的雕像涂成绿色吗？"

"是把所有的路标都方向掉转吗？"

"是把洗衣房的晾衣绳剪断吗？"

"通通不对！"拉拉提终于想起来了，说，"我的计划是抢劫银行！"

8

"可银行是什么东西？"肌肉哥问。

（肌肉哥对吃的知识了如指掌，至于其他的东西，他简直一无所知。）

拉拉提虽然懂的也不是很多……

但拉拉提至少知道银行是什么……

银行是什么？

今天，如果你在任何一个城市里走一走，你都会发现一些被称作**银行**的建筑物。银行是人们可以把钱放心存进去的地方。

如果你想让银行保护你的钱，你得先在银行开个**账户**。账户可以方便你把钱存在银行，然后在需要的时候取出来。**储蓄账户**是大多数人常使用的账户类型。

使用储蓄账户可以在银行办理一些基本的业务，如存取款。而这类账户也属于**活期存款账户**。

9

"那我们要去抢哪家银行呢？"肋骨弟问道。

"当然是镇上的那家，"拉拉提说，"它离我们最近。"

拉拉提告诉他的手下，他之所以知道银行里有很多钱，是因为他自己在那里也存了钱。他总是把钱带去银行，让银行帮他投资，所以他每次查询账户，都会发现钱又多了一些。他越来越有钱了。

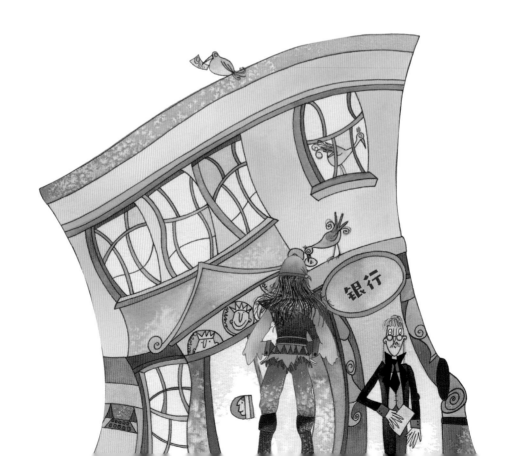

让钱"生长"！

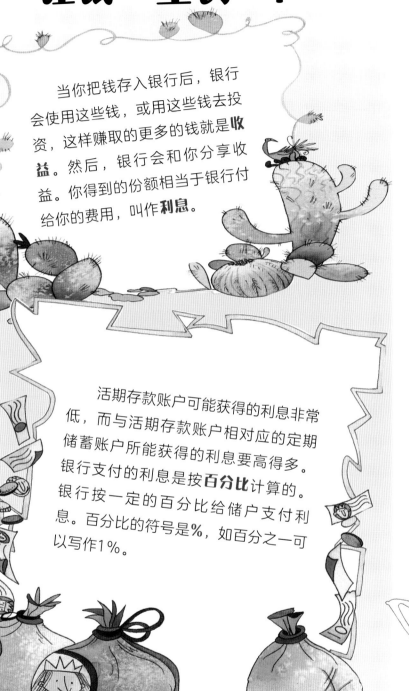

当你把钱存入银行后，银行会使用这些钱，或用这些钱去投资，这样赚取的更多的钱就是**收益**。然后，银行会和你分享收益。你得到的份额相当于银行付给你的费用，叫作**利息**。

活期存款账户可能获得的利息非常低，而与活期存款账户相对应的定期储蓄账户所能获得的利息要高得多。银行支付的利息是按**百分比**计算的。银行按一定的百分比给储户支付利息。百分比的符号是**%**，如百分之一可以写作1%。

"可是，如果我们去抢这家银行，"喵喵姐说，"你一走进去，难道他们不会认出你来吗？"

"当然不会！"拉拉提低吼道，"我们会乔装打扮的。"

11

长指妹制作了一份流程图。这场抢劫前后将持续整整两个小时。

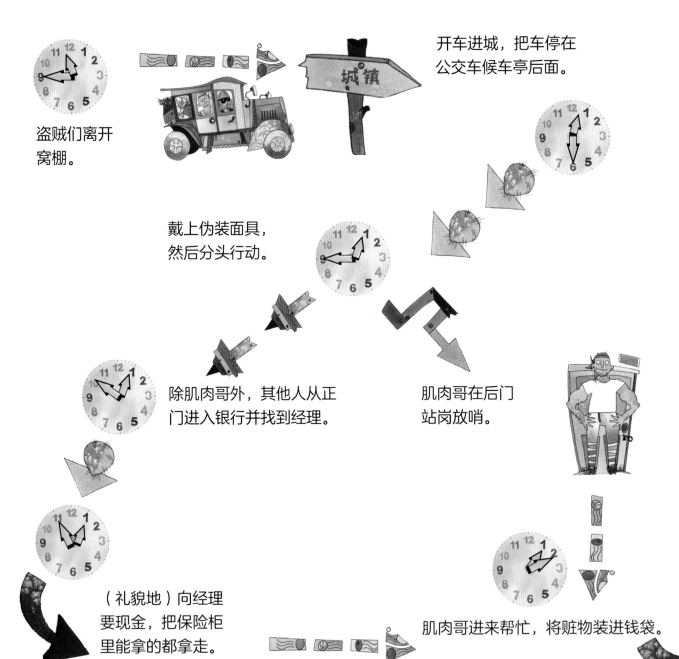

盗贼们离开窝棚。

开车进城，把车停在公交车候车亭后面。

戴上伪装面具，然后分头行动。

除肌肉哥外，其他人从正门进入银行并找到经理。

肌肉哥在后门站岗放哨。

（礼貌地）向经理要现金，把保险柜里能拿的都拿走。

肌肉哥进来帮忙，将赃物装进钱袋。

次序和预测

无论你计划做什么，都要在开始之前先想好行动的步骤。（这样你就不会在抢到保险柜之前就把空车开走了。）

你可以在**流程图**中记录**次序**。有时候，你可以猜测或**预测**可能会发生哪些事情，因为一个行动（总是或一定）会导致另一个行动的发生。

"记住我们的口号！"拉拉提提醒大家。

要阻量   绝不是   舞刀弄枪

 把钱袋装进货车。

 从后门离开。

 驶离城镇，打道回府。

拉拉提率先走进银行。银行里面很凉爽，也很安静。
他装作随意地从饮水机里接水喝。

"早上好，先生！"银
行大堂经理面带微笑，走过
来问道，"今天我有什么能
为您效劳的吗？您是来存钱
的，还是来取钱的呢？"

"都不是"，拉拉
提凶巴巴地说，"我
们是来抢劫银行的！"

"哦，真不凑巧，你挑了个倒霉的日子，"大堂经理说，
"我们保险柜里没有多少钱了。"

拉拉提耸了耸肩。

"有多少，我们就拿多少！"他说。

这时，喵喵姐想出了个主意。

"拉拉提，我们可以试试换一家银行抢。"
她说。

"哦，是拉拉提先生啊，"大堂经理
说，"您戴上面具，我都认不出来了。"

"好吧，这样的话，拉拉提先生，既
然您是本银行的忠实客户，让我想想我能帮
上您什么忙吧。"

保险柜是锁着的，只有输入正确的密码才能打开。但是，大堂经理忘记了密码。

　　"让我想想，"他说，"我记得这密码与我工作的地方有关。"

　　"是'银行'的英文拼写吗？"拉拉提热心地提醒道。

　　"就是这个，"大堂经理努力地思考着，说，"BANK是银行的英文拼写——不过得转换成数字。"

难题来啦！

　　喵喵姐解不出密码，肋骨弟也搞不定。

　　拉拉提和长指妹可能需要花点儿时间才能解开密码。你可以吗？

银行的英文拼写是BANK。
B是字母表的第2个字母，所以它对应的数字是2。
这个小提示应该对你有帮助。（答案在第32页）

保障钱的安全

把钱存在银行是相对安全的。银行不仅管钱，还可以保管珠宝等贵重物品。

现代的保险柜通常采用两种锁。一种是用钥匙开的锁。另一种是**密码锁**，它需要用一组密码（一个数字序列）和一个转盘来打开。

你的银行账户也同样受到保护——不是用锁和闩——而是用密码。这个密码只有你和银行知道，它叫作**个人身份识别码**，简称PIN。

大堂经理说的是实话，保险柜里确实没有多少钱。

17

　　盗贼们围着保险柜，看到保险柜里有一些粉色纸币、一些橙色纸币、一些蓝色纸币，还有一些绿色纸币。

　　"你们喜欢什么颜色的就拿什么颜色的，"大堂经理说，"我们有一系列颜色的纸币。"

　　"都很好看，"喵喵姐说，"每种颜色我都要拿一些。"

　　"我要那些，"肌肉哥说，"上面有硬汉头像的纸币。"

纸币

肋骨弟不想要绿色纸币。"我知道，0就是什么都没有的意思，"他说，"所以，这些带很多0的纸币一文不值。"

随着物品交换的发展，货币出现了。开始的时候，货币由一些等价物来充当，如贝壳等。后来，货币发展到由金银等贵重金属来充当。然而，金属货币存在易磨损、不易携带等问题，于是**纸币**出现了。

世界上最早的纸币是中国北宋时期四川成都的"**交子**"。首次在欧洲使用的纸币是1661年由瑞典银行发行的。

纸币是当今世界各国普遍使用的货币形式。国家不可以随意发行纸币，而必须以流通中所需要的货币量为限度。

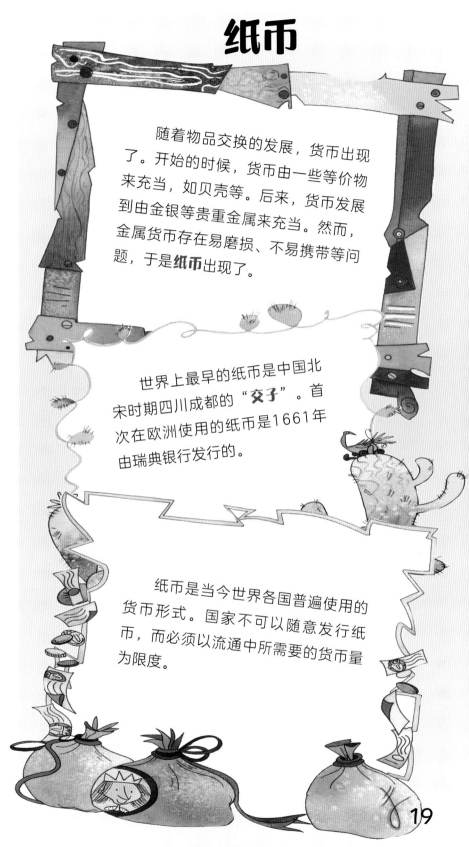

印制纸币

首先，设计师在电脑上设计图案。然后，印刷出纸币的背景底纹。接着，用另一套不同的印刷系统印刷出每张纸币的**编号和识别标志**等。

有些设计，比如纸币上人物的**头像**，可以事先在钢版上雕刻出来。当油墨被涂在雕版上时，它就会填满雕刻师留下的痕迹。印刷时，因雕刻的图案有凹有凸，所以就叫**凹凸印刷**。

盗贼们翻来覆去地观察纸币。当然，纸币上有很多东西值得研究：编号、头像、标志、隐藏的安全线，还有叫作"水印"的图案。

真的很难选择！所以，拉拉提建议大家把这些纸币全拿走。

安全货币

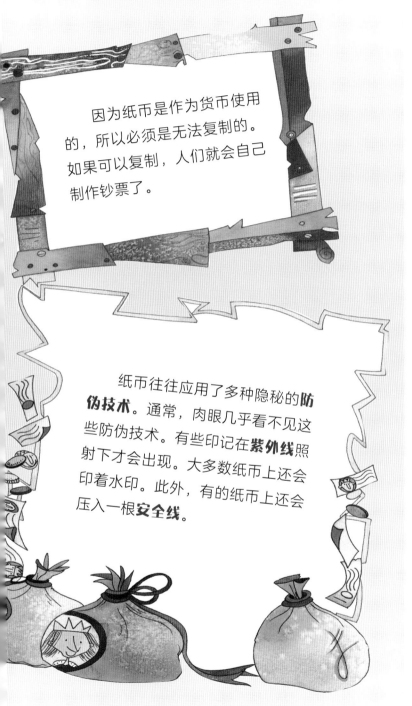

因为纸币是作为货币使用的，所以必须是无法复制的。如果可以复制，人们就会自己制作钞票了。

纸币往往应用了多种隐秘的**防伪技术**。通常，肉眼几乎看不见这些防伪技术。有些印记在**紫外线**照射下才会出现。大多数纸币上还会印着水印。此外，有的纸币上还会压入一根**安全线**。

但是，肋骨弟还是不高兴。

"这些都是纸，"他向大堂经理抱怨道，"只是很多彩纸而已。"

"你们没有金子吗？"肋骨弟又问。

21

　　"我们是有一点儿金子，"大堂经理解释道，"不过，我们一般把金子锁在某个监管严密的地方，你们不可能进得去。"

　　"对不起，拉拉提先生，无意冒犯，但黄金确实是很贵重的物品。"

金块

黄金是一种**贵重金属**，在古代一直受到皇宫贵族的喜爱。黄金的柔韧性、可锻性首屈一指，可以被压成比纸巾还薄的薄片或被拉成细丝。

块状的金子，在古代也用**锭**来计量。黄金在极高温下被融化，然后倒入模具中成型。

金块是黄金在成型之前的名字。它通常以铸锭的形式存在。

纯金非常昂贵。如果你有一块和一小包薯片一样重的纯金，相当于50克，想必你已经为它支付了几万元人民币。

就在这时，喵喵姐发现了一些闪亮的硬币。

"这些是金的吗？"她问道，"我们可以换一些这种东西带走吗？"

大堂经理解释说，银行有很多硬币，而且它们都是崭新的，从来没有人用过，所以仍然干净闪亮。

"我们就要硬币了。"喵喵姐说。

硬币真的很重，而纸币却很轻。虽然大堂经理很热心，却没有告诉这帮人——和纸币比起来，硬币根本不值什么钱！

24

很快，盗贼们把袋子和口袋里都塞满了硬币。没地方再装了，拉拉提决定，是时候离开了。

"这是我的荣幸，"大堂经理一边说，一边为他们打开门，"欢迎下次光临！"

硬币

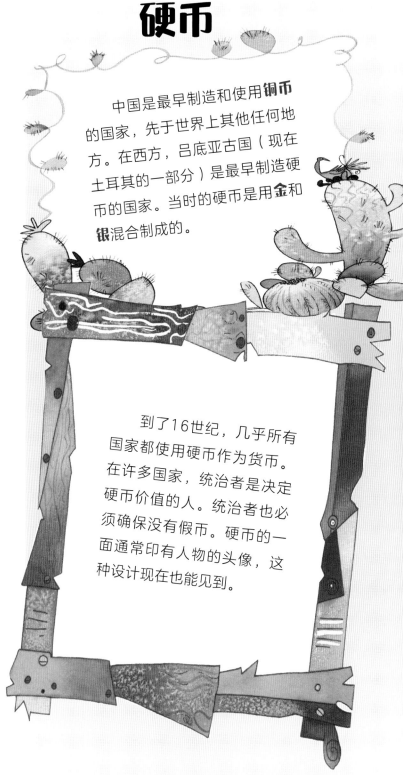

中国是最早制造和使用**铜币**的国家，先于世界上其他任何地方。在西方，吕底亚古国（现在土耳其的一部分）是最早制造硬币的国家。当时的硬币是用**金**和**银**混合制成的。

到了16世纪，几乎所有国家都使用硬币作为货币。在许多国家，统治者是决定硬币价值的人。统治者也必须确保没有假币。硬币的一面通常印有人物的头像，这种设计现在也能见到。

"那太简单了，"肌肉哥说，"我们能再来一次吗，拉拉提？"

但拉拉提说，目前抢一次银行就够了，该回家了。

盗贼们回到窝棚里，把硬币倒在了桌子上。不知为何，硬币并没有拉拉提期待的那么多。

"好吧，让我们来数一数，"拉拉提说，"然后，我们就知道抢劫的成果怎样啦！"

大家都同意，令人激动的时刻到了！

点钱和记数

然而，肋骨弟只能数到20。长指妹倒可以数到100，但她把60和70弄混了。喵喵姐数到5就停下来了，而肌肉哥从来没有学过数数。

拉拉提简直不敢相信。他说："人类会数数已经有几千年的历史了。难道你们没有上过学吗？"

"没有，"他们大声说，"几乎没有！"

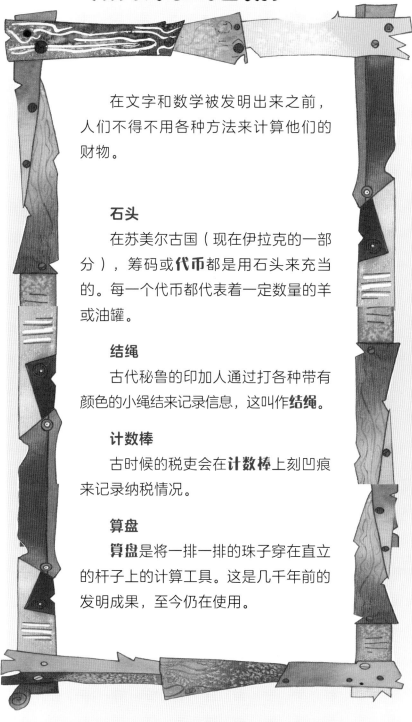

在文字和数学被发明出来之前，人们不得不用各种方法来计算他们的财物。

石头

在苏美尔古国（现在伊拉克的一部分），筹码或**代币**都是用石头来充当的。每一个代币都代表着一定数量的羊或油罐。

结绳

古代秘鲁的印加人通过打各种带有颜色的小绳结来记录信息，这叫作**结绳**。

计数棒

古时候的税吏会在**计数棒**上刻凹痕来记录纳税情况。

算盘

算盘是将一排一排的珠子穿在直立的杆子上的计算工具。这是几千年前的发明成果，至今仍在使用。

面值

纸币上清楚地印着纸币的价值，也就是**面值**。在大多数国家，不同面值的纸币对应着不同的颜色，从而不容易混淆。

大多数纸币（或正在流通的任何货币）的面值为1或2个货币单位，比如1元（1美元、1英镑、1欧元）或2元（2美元、2英镑、2欧元）。面值更高的纸币有5元、10元、50元、100元，甚至更高。这些都很值钱！

硬币的价值要低得多，通常被归为**零钱**。同样地，硬币也清楚地标记出面值。好几枚硬币的面值加起来，可能才相当于一张纸币的面值。

拉拉提让伙计们根据每张纸币的面值，把相同的放到一起，分成几堆。这很容易，看颜色就可以分辨！

接着，拉拉提又让大家按照同样的方法把硬币分成几堆。

最后，他说把每一堆的面值都加起来，把每堆总额写在一张纸上。这就难了，但他们最终也做到了。

"现在，"拉拉提说，"我们要做的是平分这些钱。这意味着要使用除法。我们有5个人，所以要用总钱数除以5。"

"怎么除呀？"肋骨弟问。

"是的，怎么除呀？"喵喵姐也问。

拉拉提也不知道怎么除，所以他只能用他知道的唯一的方法。

"一张给你！"他给了肋骨弟一张粉色钞票。

"一张给你！"

"一张给你！"

"一张给你！"

"一张给我……"

除法

很多**货币**都是采用十进制计算的。10的一半是5，所以，5的乘法也很有用。

10乘以任何数，得数的结尾都为0。

$1 \times 10 = 10$

$2 \times 10 = 20$

$3 \times 10 = 30$

……

$10 \times 10 = 100$

5乘以任何数，得数的结尾为5或0。

$1 \times 5 = 5$

$2 \times 5 = 10$

$3 \times 5 = 15$

$4 \times 5 = 20$

……

除法就是逆向进行的运算。

$5 \div 5 = 1$

$10 \div 5 = 2$

$15 \div 5 = 3$

$20 \div 5 = 4$

　　这样分钱耗费了很长时间，以至于警长赶到把他们抓了个正着。

　　"啊哈！"警长大嚷道，"我就知道！你们又去胡闹了，拉拉提先生，这次我已经拿到了我需要的全部证据。"

　　警长准备把他们都关进监狱。

30

"还要我告诉你们多少遍？"警长责问道，"抢劫东西是不对的。现在你们——所有人——都要受到惩罚。"

但是，银行大堂经理有话要说。

他告诉警长："这其实不是'抢劫'，您可能还不知道，拉拉提先生其实是我们银行的一位客户，而他这次所做的就是'抢劫'自己的钱。他既没有多拿一分钱，也没有少拿一分钱。"

"用我们银行的话来说，拉拉提先生实际上进行了一次'取款'。"

一切都乱套了！拉拉提原本想带着手下干一番大事。

他也不能确定，接下来到底还能干什么了！

帮帮拉拉提吧!

你解开保险柜的密码了吗？许多密码需要把字母转换成数字，或者把数字转换成字母。

BANK的数字密码是2、1、14、11。

肋骨弟知道，0表示"什么都没有"的意思，但事实上，钱币上的0越多，就越值钱！100元可比10元值钱多了！

喵喵姐认为，闪亮的硬币就像金子。但几乎所有的硬币，无论多么闪亮，它们本身的价值都不值它们的面值。它们都是用非常便宜的金属制成的，价值很低。

请学习乘法表，尤其是简单的5的乘法和10的乘法。它们在数钱和分钱的时候非常有用。

本书中文简体版专有出版权由BrambleKids Ltd授予电子工业出版社，未经许可，不得以任何方式复制或抄袭本书的任何部分。

版权贸易合同登记号　图字：01-2021-3685

图书在版编目（CIP）数据

假如盗贼学数学.货币那些事儿／（英）费利西娅·劳（Felicia Law），（英）安·斯科特（Ann Scott）著；陶尚芸译. --北京：电子工业出版社，2022.3
ISBN 978-7-121-42955-2

Ⅰ.①假…　Ⅱ.①费…　②安…　③陶…　Ⅲ.①数学-少儿读物　Ⅳ.①O1-49

中国版本图书馆CIP数据核字（2022）第026296号

责任编辑：刘香玉
印　　刷：北京利丰雅高长城印刷有限公司
装　　订：北京利丰雅高长城印刷有限公司
出版发行：电子工业出版社
　　　　　北京市海淀区万寿路173信箱　邮编：100036
开　　本：889×1194　1/16　印张：13.5　字数：92.4千字
版　　次：2022年3月第1版
印　　次：2022年3月第1次印刷
定　　价：128.00元（全6册）

凡所购买电子工业出版社图书有缺损问题，请向购买书店调换。若书店售缺，请与本社发行部联系，联系及邮购电话：(010) 88254888，88258888。

质量投诉请发邮件至 zlts@phei.com.cn，盗版侵权举报请发邮件至 dbqq@phei.com.cn。

本书咨询联系方式：(010) 88254161 转 1826，lxy@phei.com.cn。

千奇百怪的形状

[英]费利西娅·劳 安·斯科特 著 陶尚芸 译

电子工业出版社

Publishing House of Electronics Industry

北京·BEIJING

就在"涂鸦城"外不远的地方，在穿过"嗨哟山"、通向"嘎吱峡"的弯曲的道路上，竖立着一个路标。

路标上的箭头凌乱地指向四面八方——灰突突的天空、脏兮兮的山、浑身长刺的仙人掌、巨型仙人球。

只有最机灵的旅客才会发现，有一个破损的箭头指向了通往坏蛋谷的那条石子儿路……

石子儿路的尽头是一个山谷，这里住着一帮令人闻风丧胆的盗贼——

拉拉提是这帮盗贼的头儿。

巨型仙人球

仙人掌

的山

你最好还是别再往前走了，因为今天早上，这帮家伙已经起来准备去干坏事了。

你瞧啊，他们正聚在一起，聆听拉拉提的最新计划。

4

5

拉拉提告诉大家，他们即将成为艺术家了——伟大的艺术家！他们将创作出这个国家有史以来最精美、最富有价值的艺术作品。

　　"哇喔！""长指妹"芬格丝怪叫道。
　　"要怎么做呢？""喵喵姐"凯蒂提问。

　　于是，拉拉提开始解释了。
这个计划其实一点儿也不复杂。

　　涂鸦城要举办一场艺术展览。
有为数不少的伟大艺术家的作品将
在这里展出。最重要的是，这些艺
术品价值不菲。

艺术很重要

拉拉提计划带领手下偷走这些珍贵的艺术品，然后用仿制品来冒充它们……

毫无疑问，这些仿制品将出自各位盗贼之手！

艺术是一个笼统的概念，指有创造力的人试图记录他们看到的周围的世界或内心的感受而创作的作品。

艺术表现可以是一幅画，也可以是一件**雕塑**，也可以是家具、珠宝或许多其他东西的**设计品**。艺术是一种特别的思维方式，它是创造和发明的重要组成部分，可以说它是用一种新颖而富有想象力的方式去解决问题。艺术是值得像数学、科学和技术一样被传授的，因为最优秀的科学家也同样富有创造力。

有些艺术家很受欢迎，他们的作品售价很高。这些作品的仿制品，也就是我们通常说的**赝品**，常被用来欺骗购买者，让他们以为自己买的是真品。

这个计划听起来很简单。事实上，简单得不能再简单啦。当然，如果盗贼们不会画画或做雕塑的话，那就麻烦了。

　　我猜，他们肯定不会！

　　猜对啦——但是，拉拉提告诉他的手下，画画其实很简单。他还说，很多艺术家小时候画的那些画儿，只不过是一些弯弯曲曲的线条和少量的点点。没什么大不了的。

　　于是，他们开始"创作"啦！

形状

世界上的一切事物，包括我们人类，都有特定的**形状**。有些形状是平面的，比如书本上的图案；有些是立体的，就像我们！许多物体的形状是固定的，但还有些物体的形状可以被弯曲或扭转成许多不同的形状。

平面图形被称为**二维（2D）**形状，它们有长度和宽度。立体图形是**三维（3D）**形状，它们还有高度。画作通常是二维作品，而雕塑是三维作品。

生活中的许多形状都是**简单图形**。我们经常看到这些形状，它们拥有专门的名称，比如**正方形**和**立方体**。还有的形状比较复杂或是由几个形状复合而成的。有些形状会出现在自然界中，比如螺旋形，我们可以在贝壳或花朵上看到它。

四边形

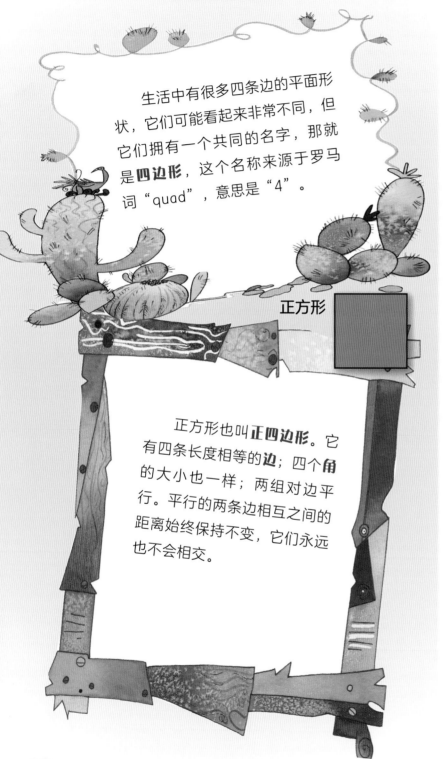

生活中有很多四条边的平面形状，它们可能看起来非常不同，但它们拥有一个共同的名字，那就是**四边形**，这个名称来源于罗马词"quad"，意思是"4"。

正方形

正方形也叫**正四边形**。它有四条长度相等的**边**；四个**角**的大小也一样；两组对边平行。平行的两条边相互之间的距离始终保持不变，它们永远也不会相交。

喵喵姐将临摹一幅由许多正方形组成的画。

这需要一只巧手，画的时候手不能颤抖，因为正方形的边必须是直线，不能有弯曲。

五花八门的四边形

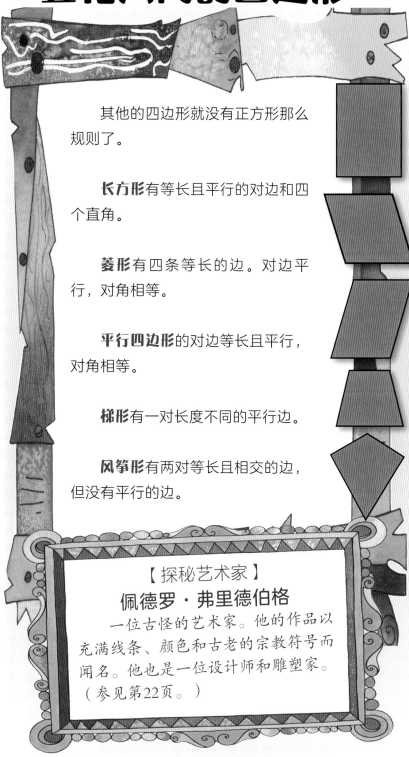

这些正方形要被画成好像即将要消失在远方的样子。

这就是"视错觉"。它可以骗过人的眼睛，让我们相信一些并不真实的东西。

可是，喵喵姐的整幅画只有那么一丁点儿意思！

其他的四边形就没有正方形那么规则了。

长方形有等长且平行的对边和四个直角。

菱形有四条等长的边。对边平行，对角相等。

平行四边形的对边等长且平行，对角相等。

梯形有一对长度不同的平行边。

风筝形有两对等长且相交的边，但没有平行的边。

【探秘艺术家】
佩德罗·弗里德伯格
一位古怪的艺术家。他的作品以充满线条、颜色和古老的宗教符号而闻名。他也是一位设计师和雕塑家。
（参见第22页。）

11

密铺图形

把相同的图形拼接在一起，就像墙上的瓷砖或人行道上的砖块一样，这就是平面图形的**密铺**。换句话说，密铺图形就是相同的图形没有缝隙、不重叠地紧紧挨在一起。这些形状就像马赛克一样组合在一起。

这些图形都是密铺图形。

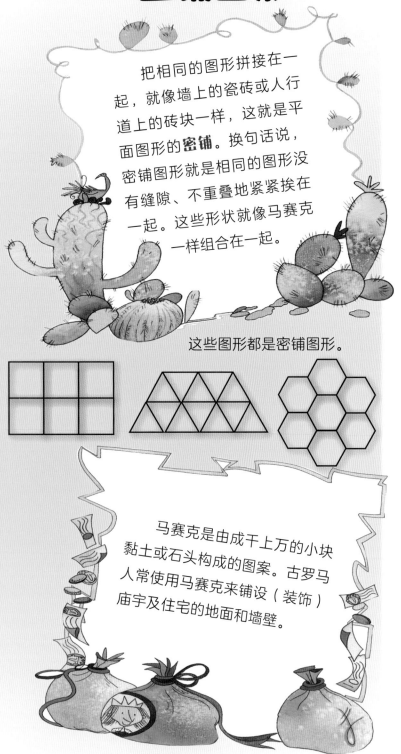

马赛克是由成千上万的小块黏土或石头构成的图案。古罗马人常使用马赛克来铺设（装饰）庙宇及住宅的地面和墙壁。

拉拉提的画使用到了立方体。事实上，有一段时间，全世界的艺术家都热衷于把物体和人画成立方体。

头部和肢体显示为棱角分明的立方体。身体的其他部位也都类似于立方体。

立方体

拉拉提努力让他画的正方形看起来像人。但不论怎么努力，它们看起来还只是正方形。

立体（3D）形状的正方形就是**立方体**。立方体有六个**面**，每个面都是一个正方形，六个面连接在一起形成一个盒子的形状。

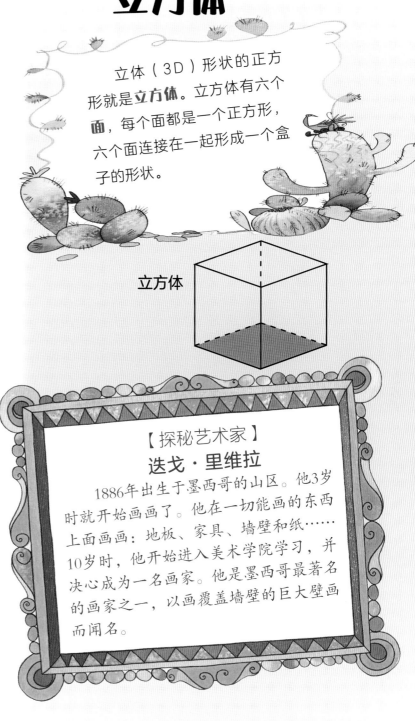

立方体

【探秘艺术家】

迭戈·里维拉

1886年出生于墨西哥的山区。他3岁时就开始画画了。他在一切能画的东西上面画画：地板、家具、墙壁和纸……10岁时，他开始进入美术学院学习，并决心成为一名画家。他是墨西哥最著名的画家之一，以画覆盖墙壁的巨大壁画而闻名。

"肋骨弟"里布斯又高又瘦。
"你就像一个尖尖的三角形，"拉拉
提告诉他，"也许，你会很擅长画又
高又尖的物体。"

确实如此！

他还擅长用三角形和
金字塔的形状（棱锥）制
作又高又尖的雕塑。

14

三角形和棱锥

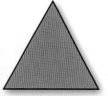 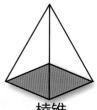

三角形　　棱锥

三角形有三条"首尾"顺次连接的边。常见的三角形有四种。**直角**三角形有一个角是**直角**（90°），还有一个长边叫作**斜边**。

等边三角形的三条边长度相等。不等边意味着三条边"不相等"，因此，**不等边**三角形的三条边长度都不相同。

等腰意味着"腰相等"，因此**等腰**三角形有两条边的长度相等。

立体（3D）形状的三角形就是一个**棱锥**。金字塔的形状就是一个棱锥。

【探秘艺术家】
胡安·索里亚诺
一位墨西哥艺术家，以绘画、雕塑和戏剧作品而著称。他很有天赋，15岁就成名了！他的雕塑作品传至世界各地。

【探秘艺术家】
巴勃罗·奥希金斯
他是美国人，但他的大半生都在墨西哥度过。他的艺术作品通常传达了关于普通人生活和斗争的信息。

"肌肉哥"玛瑟喜欢圆形。他将仿制一幅著名的画，那是一张圆脸。

"这有点儿像你的脸，"拉拉提开心地说，"所以这就简单多了，只要把你的脸画在一个满是树叶的花园里就行了。"

肌肉哥的第二幅画是一圈套一圈的很多圆圈。越靠近中心的圆圈越小。

"这是个迷宫，"拉拉提说，"一种由高高的树篱围成的迷宫，你也许会在里面迷路。所以，一定要确保你不会头晕！"

圆

一条一定长度的线绕着一个中心点旋转，最后又回到了起点，这就构成了一个**圆**。围成圆形的线段长度就是**圆周长**。

从中心点（**圆心**）到圆上任何一点的距离都是相等的。从圆心到圆上任何一点的距离叫作**半径**。通过圆心将圆一分为二的线段就是**直径**。

直径

半径

圆

当你向池塘里扔鹅卵石时，从鹅卵石进入水中的地方（圆心）会泛起一圈圈涟漪（圆）。涟漪（圆）一个比一个大，这些圆就是**同心圆**。

同心圆

【探秘艺术家】

弗里达·卡罗

她在一次事故中遭受了巨大的痛苦。后来，她画了许多自画像来反映这一点，如《太阳和生命》。

莱奥诺拉·卡灵顿

出生在英国，后来搬到墨西哥居住，在那里，她创作了《迷宫》等画作。

长指妹也正在画圆的形状，不过她画的是球状物。许多水果都是球状的，她画的是石榴——一种外皮坚硬的水果，里面长满了籽。

接下来，长指妹又画了另一种水果。现在，她在画西瓜。每块西瓜都是楔形的，也就是扇形体。

18

球体和扇形体

球体

扇形体

立体（3D）形状的圆就是**球体**。多种体育运动中用到的球都是球体。球体表面上的任意一点到中心的距离都相同。

从球体中心沿着两条半径到球面，所分离出的一部分的形状就是**扇形体**。橘子瓣或切开的西瓜片都是扇形体。

【探秘艺术家】
安格尔·扎拉加
他在法国、西班牙和意大利的游历甚广。他的画法与当时欧洲著名画家一样，其作品《石榴静物》就是一个例子。他建立了一个墨西哥年轻学者团队，团队的成员都相信艺术和冥想对生活的重要性。

【探秘艺术家】
鲁菲诺·塔马约
出生在一个土著部落，部落祖先包括西班牙人、墨西哥人和印第安人。这种丰富的家族文化融合在他的许多艺术作品中，比如一幅名为《西瓜》的油画。

长指妹接着使用曲线画了另一种形状——圆柱体（或称管状体）。她仿制了一幅画，画的是在乡村风景之中高高耸立的工厂烟囱。

与此同时，肌肉哥在"创作"现代雕塑。这是一组由旧轮胎制成的卷曲的螺旋体，它像蛇一样盘绕在地面上。

圆柱体和螺旋形

螺旋形

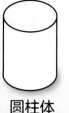

圆柱体

圆柱体有一圈弧形的面，像一个长管。它的末端是两个平面，可以是圆形，也可以是**椭圆形**。椭圆形看起来像是被压扁的圆。食品罐通常是圆柱体。

螺旋形是一种曲线，它从中心点开始往外绕圈，一圈又一圈。立体（3D）形状的螺旋形叫作螺旋体。

螺旋管

【探秘艺术家】
加布里埃尔·费尔南德斯·莱德斯马

一位墨西哥画家，同时也从事版画、雕塑、平面设计、写作和艺术教学。他与政府组织、杂志社和学校合作，致力于传播民族艺术和历史。他的《工业风景》就是向世人传递这类信息的绘画佳作。

【探秘艺术家】
贝斯塔比·罗梅罗

她用旧橡胶轮胎创作了一件现代雕塑，取名为《无尽的螺旋》。她擅长对旧轮胎加以雕刻与塑造，如果用纸覆盖它们，它们就能像橡皮图章一样印出图案。

对称

肋骨弟正往椅子上画蝴蝶图案。这个图案由两半组成——完全匹配的两半，它们是对称的，就像昆虫折叠的翅膀一样。

对称指的是一个形状可以分成相同的"两半"，每一半都是另一半的精确复制。把对称的两半分开的这条线叫作**对称轴**。

蝴蝶的形状有助于它的飞行。蝴蝶身体的形状是对称的。如果你在蝴蝶身体的中间画一条线，那么它两边的形状是完全一样的，只是方向相反。

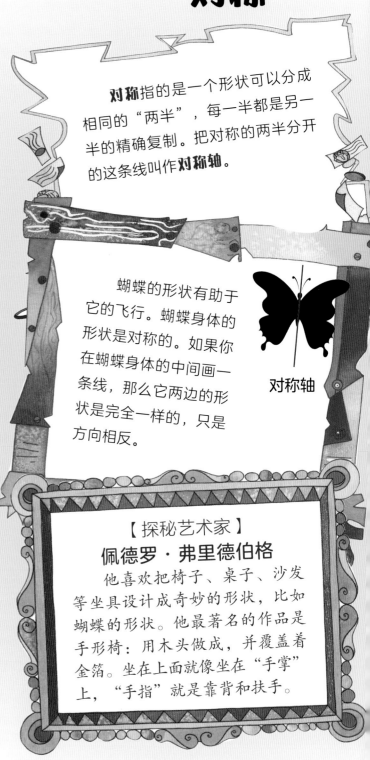

对称轴

【探秘艺术家】
佩德罗·弗里德伯格

他喜欢把椅子、桌子、沙发等坐具设计成奇妙的形状，比如蝴蝶的形状。他最著名的作品是手形椅：用木头做成，并覆盖着金箔。坐在上面就像坐在"手掌"上，"手指"就是靠背和扶手。

22

盗贼们准备完毕！是时候将他们的"艺术品"装进老爷车，然后乔装打扮前往涂鸦城了！

"最好不要被认出来，"拉拉提警告大家，"否则别人会认为我们要干坏事儿！"

美术馆外贴着一张巨大的海报，
这是这次展览的宣传海报。
这里将展出著名艺术家的画作和雕塑。

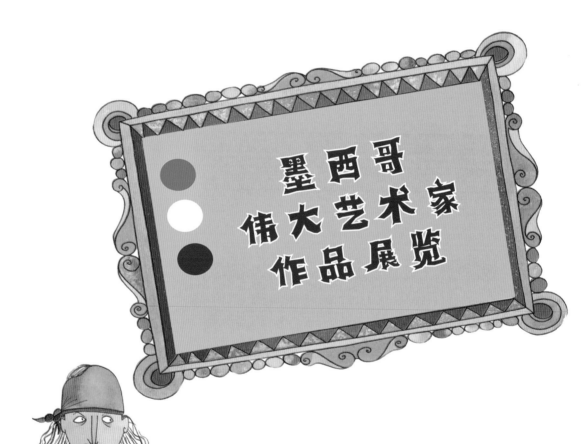

拉拉提这辈子从没买过
一件艺术品，但他知道很多
人都有购买和收藏艺术品的
爱好。

24

过不了多久，盗贼们就能有很多珍贵的艺术品出售了！但现在，他们必须把真的艺术品从展览中偷出来……

同时把他们的仿制品放进去。

多边形

有些形状有很多条边。

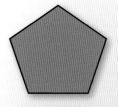 五边形——5条边

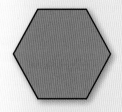 六边形——6条边

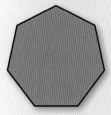 七边形——7条边

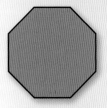 八边形——8条边

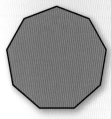 九边形——9条边

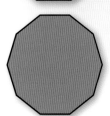 十边形——10条边

有两种形状——**五边形**和**六边形**——在生活和自然界中很常见。足球表面由若干个正五边形和正六边形组成，铅笔的横截面是六边形，组成蜂房的蜂孔都是正六边形的。

由四个或四个以上多边形所围成的立体就是**多面体**。有12个面的多面体叫作**十二面体**。

第二天早上，一位艺术评论家来视察这批展览品。有些画挂得有点儿歪，有些画有点儿脏。

还有一两幅画看起来有点儿怪怪的……

但是，艺术评论家相信这些都是绝顶的艺术品，所以他用手帕掸去了画上的灰尘，把画摆正，然后去见市长。

27

展览紧锣密鼓地开始了。

市长先做了长篇演讲，主题是艺术如何使生活丰富和有意义。

他赞扬了伟大的艺术家们，并骄傲地介绍了一番此次参展的著名作品。

28

　　涂鸦城的市民鼓掌欢呼，还走上前去围观展品。他们好像很赞同市长的观点，纷纷开始购买这些艺术品。

　　事实上，很快，所有的艺术品（其实是仿制品）都被卖掉了。

但是，警长大人很困惑。他发现，拉拉提的老爷车就
停在展览馆的后面。他还在车里发现了一堆艺术品——他
认为这些全是模仿正在出售的那些伟大作品的仿制品。

"你打算拿这些东西来做什么？"
他想知道。

拉拉提告诉警长，他们都想成为伟大的艺术家。他们正在学习那些伟大的作品呢。

　　"噢！"警长说，"其实，你们这些人是在浪费时间！这些都是很差的仿制品，毫无价值可言。所以，你们不介意我全部没收吧？"

　　"现在，你们都应该去看看展览中的真品。那才是真正的艺术，最棒的艺术品！"

　　真是一团糟！仿制品卖得太好了，真品却被警长没收了。盗贼们什么也没剩下，空手而归。

　　他们什么时候才能运气好一点儿呢？

艺术家

艺术很重要，可以学一学绘画和雕塑。

平面的图形是二维的，立体图形是三维的。

生活和自然界中存在各种各样的形状，如三角形、正方形、立方体、球体、圆柱体、螺旋形等。

立体形状是三维的，有长度、宽度和高度

平面形状是二维的，有长度和宽度

简单形状都有专门的名字，比如三角形、正方形和立方体

本书中文简体版专有出版权由BrambleKids Ltd授予电子工业出版社，未经许可，不得以任何方式复制或抄袭本书的任何部分。

版权贸易合同登记号　图字：01-2021-3685

图书在版编目（CIP）数据

假如盗贼学数学.千奇百怪的形状／（英）费利西娅·劳（Felicia Law），（英）安·斯科特（Ann Scott）著；陶尚芸译. ——北京：电子工业出版社，2022.3
ISBN 978-7-121-42955-2

Ⅰ.①假…　Ⅱ.①费…　②安…　③陶…　Ⅲ.①数学 - 少儿读物　Ⅳ.①O1-49

中国版本图书馆CIP数据核字（2022）第026293号

责任编辑：刘香玉
印　　　刷：北京利丰雅高长城印刷有限公司
装　　　订：北京利丰雅高长城印刷有限公司
出版发行：电子工业出版社
　　　　　北京市海淀区万寿路173信箱　邮编：100036
开　　本：889×1194　1/16　印张：13.5　字数：92.4千字
版　　次：2022年3月第1版
印　　次：2022年3月第1次印刷
定　　价：128.00元（全6册）

凡所购买电子工业出版社图书有缺损问题，请向购买书店调换。若书店售缺，请与本社发行部联系，联系及邮购电话：(010) 88254888，88258888。

质量投诉请发邮件至 zlts@phei.com.cn，盗版侵权举报请发邮件至 dbqq@phei.com.cn。

本书咨询联系方式：(010) 88254161 转 1826，lxy@phei.com.cn。

猛犸童书

假如盗贼学数学

身体上的"尺"

[英]费利西娅·劳 安·斯科特 著 陶尚芸 译

电子工业出版社
Publishing House of Electronics Industry
北京·BEIJING

就在"涂鸦城"外不远的地方，在穿过"嗨哟山"、通向"嘎吱峡"的弯曲的道路上，竖立着一个路标。

路标上的箭头凌乱地指向四面八方——灰突突的天空、脏兮兮的山、浑身长刺的仙人掌、巨型仙人球。

2

只有最机灵的旅客才会发现，有一个破损的箭头指向了通往坏蛋谷的那条石子儿路……

石子路的终点是一个居住区，这里住着一帮令人闻风丧胆的盗贼——

拉拉提是这帮盗贼的头儿。

的山

仙人掌

巨型仙人球

3

这是一个清晨，盗贼们正聚在一起，聆听拉拉提的最新计划。

如果拉拉提的计划十分邪恶，他们会极其热衷地去实施；如果拉拉提的计划是做好事，他们也喜欢去做……（当然，这种情况并不常有。）

他们最近在警长那里遇到些麻烦，日子并不好过，不过没人怪拉拉提……

好吧，也许这还不是他们全部的近况！

4

5

"计划是这样的，"拉拉提说，"我们要测量出一块土地，然后绕着这块土地建一圈围墙。"

"仔细听好了，接下来你们每个人都有一份工作要做。"

"肋骨弟，你的腿最长，跨步也就相应大。你就用步来测量长距离。"拉拉提对"肋骨弟"里布斯说。

"喵喵姐，你有一双小巧的脚。你就用脚来测量短距离。"拉拉提对"喵喵姐"凯蒂说。

"长指妹，你就用手指来测量超短距离。"拉拉提对"长指妹"芬格丝说。

身体尺

在古代，人们用**身体**的某些部位来测量和估计长度或距离，如**手**、**胳膊**或**脚**等。可问题是，每个人的手或脚的大小不一样，测量出的数据也就不同，所以这就需要一套大家都认可的测量标准。

"现在开工，测量出我们的土地吧！"

古埃及人最早制定了测量标准。他们规定，从中指指尖到手肘的长度是1**腕尺**。他们还在黑色的花岗岩上做了标记，作为1腕尺的官方标准。

码这个词可能来源于直枝或杆，相当于2腕尺或1步的长度。有人说，它是英格兰国王在1305年发明的长度单位，等同于从他的鼻尖到拇指末端的距离。

"可是，拉拉提，"喵喵姐说，"什么叫测量我们的土地呢？我们没有任何土地呀。"

"我们会有的，"拉拉提说，"这就是我这次的计划。我们将拥有大片的土地。这是一次圈占土地的行动！"

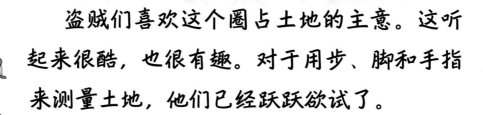

盗贼们喜欢这个圈占土地的主意。这听起来很酷，也很有趣。对于用步、脚和手指来测量土地，他们已经跃跃欲试了。

他们只是不确定要不要建围墙——这听起来更像是一桩苦差事。

直线和周长

好人勿入！

围绕某物边缘一圈的长度叫作**周长**。古代的城镇和城堡通常建有围绕它们的**围墙**。测量一个地方的大小，你需要测量它的周长是多少。

数学家们把直线看成一排连续的**点**。单独一个点，我们很难看到或测量。但如果很多个点排成一行，就会变成你能看到和测量的**直线**！

"首先，我们得标记出界线，"拉拉提说，"我们必须知道这块地的周长是多少。"

在一个平面上，两点之间最短的距离是连接两点之间的直线距离。任何连接这两点的其他路线都会比直线长。

9

"肋骨弟，你要向北走150步，再向西走50步，然后向南走150步，最后向东走50步。"

肋骨弟完全摸不着头脑（他从来不知道怎么认东南西北这些方位）。

所以，拉拉提必须解释。他是这样描述的：

这条路向北穿过嘎吱峡。

西

这条路向南通往嗨哟
山和涂鸦城。

10

指南针

指南针能帮我们识别方向。它的中心装有能旋转的**磁针**，磁针的南极总是指向**地理南极**（磁场北极）。

地球是一个巨大的**磁体**。它的两端会释放出强大的磁力。其中一端接近地理**北极**，另一端接近地理**南极**。地球表面的磁体，当可以自由转动时，就会因磁体同极相斥、异极相吸的特性指示南北。

小心！盗贼的地盘！

这里是坏蛋谷，我们的家园。

东

指南针盘面上的四个主要的"点"分别指向东（E）、南（S）、西（W）、北（N）。在这四点中任意两点之间的方向可以用两个字母表示，比如NE，意思是东北方。

11

肋骨弟开始大步大步地向前走，一共走了150步。很快，他就变成了远处的一个小点。

"停下！"拉拉提大喊道，"够远了！"

但是，肋骨弟已经走得太远了，他根本听不见。

"我们必须去阻止他，"拉拉提说，"他大步走150步，就会跑到威德武利村，然后……"

盗贼们面面相觑，不寒而栗。"坏蛋谷"已经臭名远扬啦；可是，威德武利村那可是坏出了名堂。

坏得超乎想象！

地图

"哎呀！"拉拉提摇了摇头，说，"也许我应该给他一张地图。"

"如果肋骨弟遇到威德武利村的村民，"拉拉提说，"那可就坏事儿啦！"

人们借助**地图**可以更方便地找到一个地方或建筑物的位置。地图上按一定纵横坐标间距划分的格网称为**坐标格网**。它是任何地图不可缺少的一个要素。

地图上的每个区域都可以由一个**坐标**来表示。坐标可以帮助人们在地图上精确定位某个地点。坐标也有助于我们标绘从一个地方到另一个地方的路线。

标绘指从地图上的坐标中标出从一个位置到另一个位置的路线。途中会经过一些坐标，这些坐标被按正确的顺序记录下来，以标记最佳路线。比如这样的标记：B16：C8：D11：E12。

13

后来发生的故事是这样的！

当肋骨弟走到第110步的时候，他突然看到三个长毛壮汉向他猛扑过来！他们要求他交出所有的钱财和贵重物品，否则就要把他推向长满刺的仙人掌。

肋骨弟身上没有钱，一分钱也没有。所以当拉拉提一行人赶到的时候——肋骨弟差点儿被插到仙人掌上！

幸运的是，拉拉提有点儿小名气，他以前演过电影什么的，而威德武利村的村民看过不少电影。

威德武利村的村民同意，如果拉拉提在他们的签名簿上签名，他们就饶了肋骨弟。

"我们竟然这么轻松就脱身了！"当盗贼们匆匆离开的时候，喵喵姐感慨道。

15

但是，拉拉提不想放弃。他们准备在这块地的周围筑起一道墙来保卫它！

拉拉提好像在哪里读到过关于中国长城的介绍。他告诉大家，中国的长城建于两千多年前，是用砖和石头建成的，城墙高达六到九米。它蜿蜒曲折，越过高山，穿过深谷，盘踞在中国北方，总长两万多千米。城墙顶上的道路宽度足够五匹马并排通过。每隔几百米，就建有负责守卫的瞭望塔。

"好主意！"肋骨弟说，"这样就能把警长大人挡在外面了！"

"威德武利村的村民也进不来了！"喵喵姐补充道。

长墙和围栏

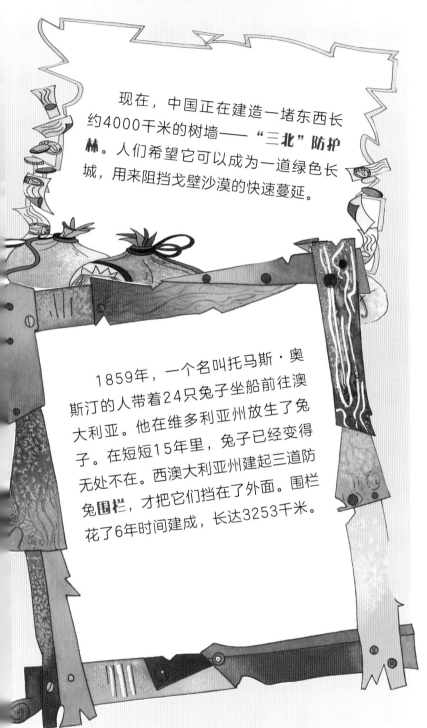

现在，中国正在建造一堵东西长约4000千米的树墙——"三北"防护林。人们希望它可以成为一道绿色长城，用来阻挡戈壁沙漠的快速蔓延。

1859年，一个名叫托马斯·奥斯汀的人带着24只兔子坐船前往澳大利亚。他在维多利亚州放生了兔子。在短短15年里，兔子已经变得无处不在。西澳大利亚州建起三道防兔**围栏**，才把它们挡在了外面。围栏花了6年时间建成，长达3253千米。

"问题在于，"拉拉提解释说，"这样的墙需要成百上千的工人来建造。"

由于工人短缺，他最终决定用木桩篱笆来代替围墙。

拉拉提说，对于这次圈占土地的活动来说，肋骨弟的150跨步太大了，会给他们带来太多的麻烦。肋骨弟长边只需要走75步、短边走40步就可以了。

肌肉哥带来了测量工具——也许能用到呢！

测量

长度测量是一项日常生活中经常需要完成的任务。我们可以使用几种小器具来帮助测量。

卷尺

家用卷尺可以测量1米或比1米稍长一点儿的短距离。建筑用的卷尺可长达100米。

直尺

直尺就是刻有标准长度的木片或塑料片。

卡尺

卡尺可以用来测量微小的长度，例如百分之一厘米。

测距轮

每经过一定的距离，测距轮就会发出咔哒声。

千分尺

工程师和科学家们经常会用到千分尺。它可以用来测量千分之一毫米这类非常微小和精确的距离。

拉拉提不能确定圈占来的土地的尺寸有多大。他也计算不出最终会抢占多大面积的土地。

（要是拉拉提掌握这些常识就好了……）

面积

面积描述的是某物占用了多少平面空间。例如，如果你需要知道一个房间的地面的大小，你就得测量它的面积。

你可以通过测量长方形两条边的长度，然后将它们相乘，从而计算出它的面积。面积测量是**二维（2D）测量**。

面积 = 长×宽
如果一个长方形的长是7厘米，宽是5厘米，那么，这个长方形的面积就是**35平方厘米**。

19

终于，他们划定了土地，但现在他们又遇到了一个新问题：附近没有森林，树木也很少。没有木头，想建起围栏就非常困难。

但拉拉提有办法。

深夜，盗贼们全员出动，蹑手蹑脚地来到镇上。很快，他们搜罗了每一根晾衣绳、每一扇花园大门、每一个路标和旗杆。镇上的木头全都被他们洗劫一空——好多木头啊！

"我们的木头足够了吗？"长指妹问。

"每两个跨步，我们就需要一根木桩。每个长边是75跨步，短边是40跨步，所以，总的跨步是75乘以2加上40乘以2，等于……"

可是，拉拉提在这里迷糊了！

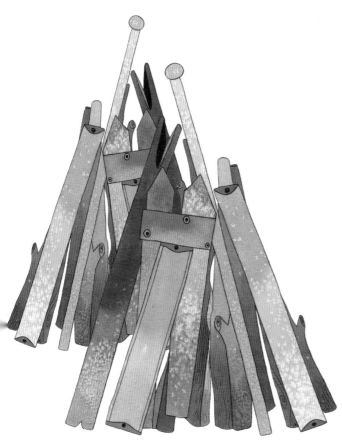

难题来啦！

喵喵姐不会计算75乘以2或40乘以2。肋骨弟也不行。其他人也不会。

后来……

总数（他们算不出来）必须除以2，才能算出需要多少根木桩——抱歉，他们需要你的帮助。

$$\frac{75 \times 2 + 40 \times 2}{2} = ?$$

肌肉哥在夯木桩。他尽力让每一行的木桩都保持在一条直线上，还要让各个拐角都整齐。他想做出拉拉提想要的形状——长方形。他还试着让两个木桩之间的距离保持肋骨弟两个跨步的长度。

喵喵姐在用脚测量木桩，她想让每根木桩的顶部离地面都是两只脚那么高。

长指妹在用手指测量钉子，她要保证每根钉子都是半指长。

有太多东西需要测量了！

角和度

当我们转弯时，可以转大弯，也可以转小弯。我们要衡量转弯的大小，就要用到测量单位**度**，标记符号是"°"。

当我们转了整整一圈时，说明我们已经绕了一个**圆圈**。也就是说，我们已经转了360度（360°）。

360° = 整圆（一圈）

180° = 半圆

90° = **直角**

45° = 半个直角

正方形和长方形的四个角都是90°，也就是直角。四个角的总和等于360°。而三角形最多只有一个直角，三个角的总和等于180°（360°的一半）。

直角的标记符号是"⌐"。

23

24

经过漫长而辛苦的劳动，围栏终于建好了。盗贼们迎来了检阅成果的时刻：篱笆延伸到了很远的地方……

"往远处瞧瞧，"拉拉提说，"那是我们的土地——我们的地盘，任何人都进不来……"

"真是大呀！"喵喵姐说，"我们要拿它做什么呢？骑马吗？"

"踢足球，可以吗？"肋骨弟建议道。

"建个健身房，怎么样？"肌肉哥问。

"种仙人掌吧？"长指妹说。

每个人都有一个主意。

"我们明天再决定吧，"拉拉提说，"大家都累了，是时候休息了。"

与此同时，在山谷的另一边，威德武利村的村民已经听了很久敲敲打打的声音，他们好奇极了。于是，等拉拉提几人一离开，他们就蹑手蹑脚地赶过来想一探究竟。

他们立刻看出了篱笆围出的这块大片空地的用途。

"那帮家伙建了一条赛车道啊！"他们开来了摩托车，一边兴奋地怪叫着，一边加大油门，呼啸着在围栏里狂飙。

一圈又一圈，呼呼……轰轰……呜呜……一个又一个小时过去了……

20圈……

30圈……

一直停不下来……

结果，他们在这片空地上压出了一圈平坦宽阔的赛道。

盗贼们睡过了头，劳作让他们筋疲力尽。

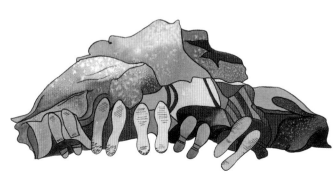

圆周长

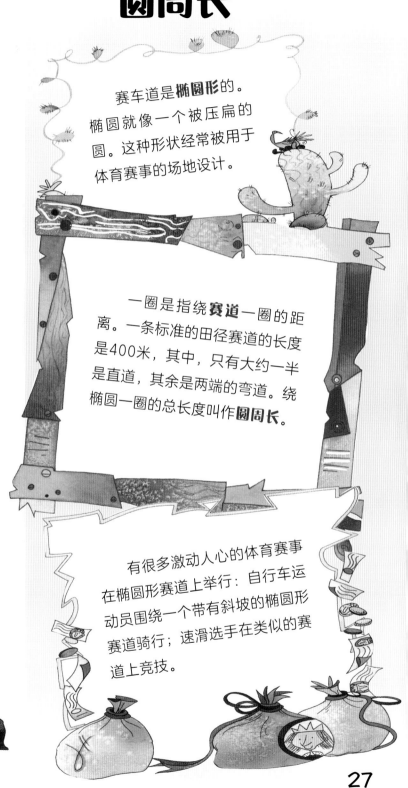

赛车道是**椭圆形**的。椭圆就像一个被压扁的圆。这种形状经常被用于体育赛事的场地设计。

一圈是指绕**赛道**一圈的距离。一条标准的田径赛道的长度是400米，其中，只有大约一半是直道，其余是两端的弯道。绕椭圆一圈的总长度叫作**圆周长**。

有很多激动人心的体育赛事在椭圆形赛道上举行：自行车运动员围绕一个带有斜坡的椭圆形赛道骑行；速滑选手在类似的赛道上竞技。

可是，涂鸦城的居民却烦透了！摩托车的噪声震耳欲
聋，这让他们没法睡觉。

第二天早上，他们在市长和警长的带领下，成群结
队地来到围栏处。当他们发现不翼而飞的晾衣绳、花园大
门、路标和旗杆也在这儿的时候，他们更是气坏了！

长度单位

长距离测量，比如测量两地之间的距离，通常以**干米**为单位。1干米等于1000米，大约是1000大步的距离。

10毫米 = 1厘米
100厘米 = 1米
1000米 = 1干米

任一数乘以10，得数就是在这个数字后加0。
任一数乘以100，得数就是在这个数字后加00。
任一数乘以1000，得数就是在这个数字后加000。

地球的周长，也就是地球赤道的长度。赤道是绕地球中心旋转的轨迹中最长的圆周线，超过4万干米。

显然，制造噪声的正是威德武利村的村民，他们因为前一晚的速度和激情而累坏了，正靠在围栏上呼呼大睡呢。

"哟，哟，哟，"警长说，"平时看拉拉提他们就挺坏的，没想到这帮人更坏啊。"

警长叫醒了威德武利村的村民，准备把他们关进监狱。

不过，市长有话要说。

"但他们歪打正着，带来了一个好结果，警长先生，你瞧，"市长宣称，"咱们城里出现了一个全新的体育场，所有的布局和围栏都整整齐齐的。"

"也许这一次，我们可以放过他们。但作为惩罚，他们必须清洗和擦亮10辆脏兮兮的拉力赛车——当然还有你的专车，警长先生！"

一切都乱套了！

拉拉提失去了他的土地，盗贼们的一切努力都白费了。他就知道他们想干件大事真是太难了！

接下来，拉拉提会带领手下做些什么呢？

帮帮拉拉提吧！

如果拉拉提懂测量，他就会预测到肋骨弟的大跨步会招来麻烦。

地图很有用，可以显示距离和位置，还能显示两个地点之间最短的路线。

使用测量工具去搞定直线和直角吧！

长×2＋宽×2＝周长

长方形的面积＝长×宽

学习使用公制单位，学习单位换算

本书中文简体版专有出版权由BrambleKids Ltd授予电子工业出版社，未经许可，不得以任何方式复制或抄袭本书的任何部分。

版权贸易合同登记号　图字：01-2021-3685

图书在版编目（CIP）数据

假如盗贼学数学.身体上的"尺"／（英）费利西娅·劳（Felicia Law），（英）安·斯科特（Ann Scott）著；陶尚芸译. --北京：电子工业出版社，2022.3

ISBN 978-7-121-42955-2

Ⅰ.①假…　Ⅱ.①费…　②安…　③陶…　Ⅲ.①数学－少儿读物　Ⅳ.①O1-49

中国版本图书馆CIP数据核字（2022）第026297号

责任编辑：刘香玉

印　　　刷：北京利丰雅高长城印刷有限公司

装　　　订：北京利丰雅高长城印刷有限公司

出版发行：电子工业出版社

　　　　　北京市海淀区万寿路173信箱　邮编：100036

开　　　本：889×1194　1/16　印张：13.5　字数：92.4千字

版　　　次：2022年3月第1版

印　　　次：2022年3月第1次印刷

定　　　价：128.00元（全6册）

凡所购买电子工业出版社图书有缺损问题，请向购买书店调换。若书店售缺，请与本社发行部联系，联系及邮购电话：(010) 88254888，88258888。

质量投诉请发邮件至zlts@phei.com.cn，盗版侵权举报请发邮件至dbqq@phei.com.cn。

本书咨询联系方式：(010) 88254161转1826，lxy@phei.com.cn。

假如盗贼学数学

平分金币的难题

〔英〕费利西娅·劳 安·斯科特 著 陶尚芸 译

电子工业出版社
Publishing House of Electronics Industry
北京·BEIJING

就在"涂鸦城"外不远的地方，在穿过"嗨哟山"、通向"嘎吱峡"的弯曲的道路上，竖立着一个路标。

路标上的箭头凌乱地指向四面八方——灰突突的天空、脏兮兮的山、浑身长刺的仙人掌、巨型仙人球。

脏

坏

只有最机灵的旅客才会发现，有一个破损的箭头指向了通往坏蛋谷的那条石子儿路……

也只有最大胆的旅客才敢顺着箭头指的方向继续前进。

3

经过一天一夜的长途跋涉，旅客们会到达你现在所看到的地方——坏蛋谷的地界。

在这里，你会看到一个摇摇晃晃的破窝棚，里面住着一帮令人闻风丧胆的盗贼……

拉拉提是这帮盗贼的头儿。

4

5

这是新一天的清晨，拉拉提有了一个新的计划！

"喵喵姐"凯蒂、"肌肉哥"玛瑟、"长指妹"芬格丝和"肋骨弟"里布斯正在聆听计划。

"好了！"拉拉提说，"瞧瞧我从涂鸦城买了什么好东西回来？"

这帮盗贼看起来很厉害，实际上没见过什么世面。

"这是一个金属探测器，"拉拉提说，"它能帮助我们寻宝。"

宝藏

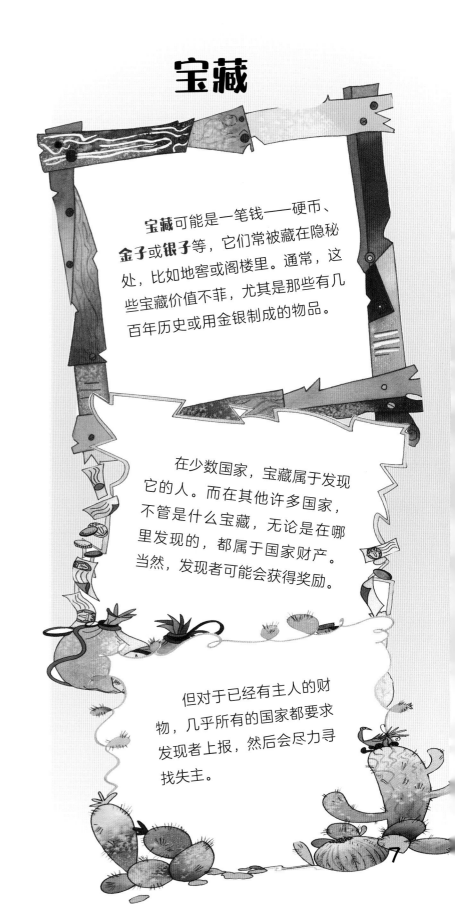

拉拉提解释了一番金属探测器的工作原理。"这台机器通电后能产生磁力，金属能被磁力吸引，所以它可以帮助我们发现金属。"

"到处都是隐藏的金属，其中一些也许就是宝藏。"

宝藏可能是一笔钱——硬币、**金子**或**银子**等，它们常被藏在隐秘处，比如地窖或阁楼里。通常，这些宝藏价值不菲，尤其是那些有几百年历史或用金银制成的物品。

在少数国家，宝藏属于发现它的人。而在其他许多国家，不管是什么宝藏，无论是在哪里发现的，都属于国家财产。当然，发现者可能会获得奖励。

但对于已经有主人的财物，几乎所有的国家都要求发现者上报，然后会尽力寻找失主。

所有的盗贼都答应帮忙寻宝，因为他们都想分享宝贝。

寻宝真的就像拉拉提说的那样简单。

他打开探测器的开关，拿着它在地面上来来回回地搜寻。

寻宝队伍就这样慢慢行进。

分享

在数学中，分享等同于**分割**，意思是某物（通常是一个**整体**）被分成许多相等或大小不一的**部分**。但不论怎样，各部分加起来必须还等于那个整体。

我们每天都会做很多把一个整体分割成很多部分的事情。比如，我们可能与他人分享一份食物或一瓶饮料，我们可能和朋友或家人分钱，我们甚至可能与他人分享同一张桌子或一个沙发。

没过多久，他们就听到了尖锐的"嗡嗡"声。

"就是这里！"拉拉提说，"这里一定埋着宝藏。我们快点儿把它挖出来！"

　　果然，这里真的藏有很多宝藏。现在，盗贼们要做的就是把这些财宝全部挖出来。幸运的是，挖出的金币足够每个人都分到一份。

拆分整数

1是自然数中最小的数字。在数学上，我们叫它**整数**。但是，1不是我们使用的所有数字中最小的。一个整数（整体）可以被拆分或分解成更小的数字，表示被分割后的一份或几份的数，我们称之为**分数**。

分数可以是任何大小。你可以把一个整数分成两个相等的部分，每个部分就是**二分之一**；分成三个相等的部分，每个部分就是**三分之一**；分成四个相等的部分，每个部分就是**四分之一**。

你甚至可以把一个整数分成一百个部分，每个部分就是**百分之一**；分成一千个部分、一万个部分，每个部分就是**千分之一**、**万分之一**……事实上，每个数字都可以被分解成分数。每个分数也能被分解成更小的分数。

拉拉提知道"宝藏"的含义。这些是金币，"金"就是宝藏。这些钱币有300多年的古老历史，"老"就是财富。

盗贼们找到了货真价实的宝藏！

分宝藏并不难。一共有五个盗贼，所以，他们只需要把金币分成相同的五堆。

长指妹说，那样可能会不准确。她建议把金币加起来，得到一个总数，然后用总数除以5。"我们每个人都能分到五分之一。"她说。

长指妹是他们当中唯一懂点儿数学的人，所以大家都赞同她的办法。

五分之一

分数通常是这样表示的：在一小截横线的上面和下面各写一个数字。上面的数字代表你得到的份数，叫作**分子**；下面的数字代表要分配的份数，叫作**分母**。

喵喵姐帮助长指妹数金币。结果正好是100枚金币。

当一个整体被分成五个相等的部分时，每个部分就是**五分之一**。

五分之一写作 $\frac{1}{5}$。

五分之二写作 $\frac{2}{5}$。

五分之三写作 $\frac{3}{5}$。

五分之四写作 $\frac{4}{5}$。

五分之五就是整数1。

真分数是横线上面的数字（分子）比横线下面的数字（分母）小的分数。所有的真分数都小于整数1。

现在，五个人分100枚金币，每人可得到五分之一的金币——这并不是世界上最棘手的数学题。但接下来的情况就变得复杂了！

威德武利村的村民——住在附近的另一个帮派——他们一直在秘密地盯着拉拉提和他的手下们的一举一动，他们想要抢夺金币，还准备独吞，他们可不想分享！

他们在悄悄地等待机会！

100

他们想要这100枚金币，然后把这些宝贝分成三份。

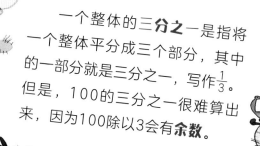

一个整体的**三分之**一是指将一个整体平分成三个部分，其中的一部分就是三分之一，写作 $\frac{1}{3}$。但是，100的三分之一很难算出来，因为100除以3会有**余数**。

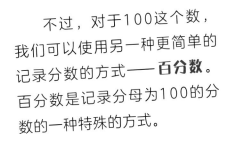

不过，对于100这个数，我们可以使用另一种更简单的记录分数的方式——**百分数**。百分数是记录分母为100的分数的一种特殊的方式。

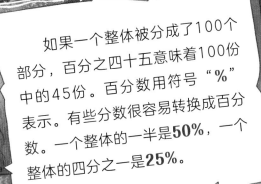

如果一个整体被分成了100个部分，百分之四十五意味着100份中的45份。百分数用符号"**%**"表示。有些分数很容易转换成百分数。一个整体的一半是**50%**，一个整体的四分之一是**25%**。

貌似还嫌事儿不够复杂……"格格团"的两个女孩也出现了！她们很强悍！她们听不进去任何不同意见！她们也想分得一些宝藏。

好在她们不像威德武利村的村民那样霸道地想要独吞财宝。不，她们远没有那么贪婪。"我们只拿一半。"她们说。

拉拉提该怎么解决眼前的难题呢？
他和手下想五个人平分宝藏。
威德武利村的村民想独吞宝藏。
格格团的女孩想分走一半宝藏。

一半的一半的一半

在所有的分数中，最常用的就是一半，也就是二分之一。一半表示某物被分成了两个相等的部分后的其中一部分，写作 $\frac{1}{2}$，也可以写成百分数——50%。

当某物被分成四个相等的部分时，这四个部分中的每一部分都是**四分之一**。每个部分都可以写作 $\frac{1}{4}$。如果你把 $\frac{1}{4}$ 再分成两半，你会得到**八分之一**。所以，$\frac{1}{2}$ 的 $\frac{1}{2}$ 的 $\frac{1}{2}$ 是 $\frac{1}{8}$。

四分之二（$\frac{2}{4}$）等于二分之一（$\frac{1}{2}$）。你可以通过简化来验证对错。分子和分母同时除以相同的数 2。分子 2 除以 2 等于 1，分母 4 除以 2 等于 2，得到 $\frac{1}{2}$。这个把分数化成最简分数的过程就叫作**约分**。

拉拉提知道，格格团的两个女孩可不是好惹的！

小数

所有的分数都可以表示成**小数**。这是一种基于十进制的计算方法。小数的写法是在一个整数和一个点后再写数字，0.5就是十分之五，或$\frac{5}{10}$。

在整数后面加一个点，这个点叫作**小数点**。小数点左边的数为整数部分，小数点右边的数为小数部分。

在小数部分的末尾添上或去掉任意个零，小数的大小不变。例如，0.4=0.400，0.060=0.06。

"我们该怎么办？"喵喵姐问道，"他们总共有五个人，而我们——好吧，也是……五个人。"

"就是这样，"拉拉提说，"我们的人数与他们相当。我们如果同意分享宝藏。然后，也许……

他们拿到金币就会离开！"

19

然而，很快，事情就变得很清楚——并不是人人都愿意平分宝藏。每个人都有话要说，而且他们的嗓门一个比一个大。

这变成了一场争吵，结果可想而知。盗贼们需要尽快想出一个解决办法！

十分之一

如果你把一个整体分成十等份，每一份用分数表示就是 $\frac{1}{10}$。分母告诉你，总共有十份；分子告诉你，你只有一份。你可以把每一份称为**十分之一**。

好吧，肋骨弟（照样）帮不上什么忙，他根本没有一点儿头绪。

但肯定会有人想出解决办法的，不是吗？

分数 $\frac{1}{10}$ 也可以用小数0.1表示。小数点后第一位是**十分位**，所以当数字1放在小数点后面第一位的时候就表示十分之一。小数点后的第二位是**百分位**。小数点后的第三位是**千分位**，以此类推。

0.1 = 十分之一
0.01 = 百分之一
0.001 = 千分之一
……

21

饼图

饼图是用来展示事物是如何被分配的常用形式。事实上，顾名思义，饼图看起来就像一个圆饼被分成了几个部分。每一块（或每个**扇面**）就是整个圆饼的一小部分。

为了让饼图更清晰易懂，我们通常使用不同的颜色表示每个扇面。

如果将饼图分割成不同大小的部分（每个扇面的大小都不同），那么，饼图将清楚地展示不同部分的大小比例。

每个扇面都代表整个饼图的几分之几或百分之几。如果用分数表示一个饼图，那么，所有的分数加起来总和必须是1。如果用百分数表示一个饼图，那么，所有的百分数加起来总和一定是100%。

饼图展示了不同大小的扇面是如何加起来成为一个整体的。

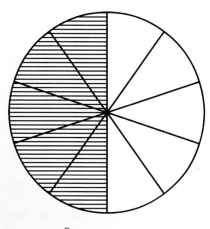

$\frac{5}{10}$ 分给盗贼们

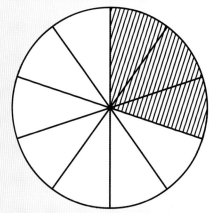

$\frac{3}{10}$ 分给威德武利村的村民

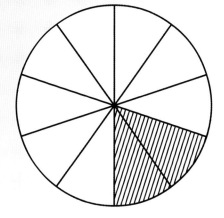

$\frac{2}{10}$ 分给格格团的女孩

最后，所有加起来是……

喵喵姐搬来了宝藏，准备开始分配了。

23

要完成分配可能需要一些时间，但至少每个人都将会看到这是一场公平的分配！

24

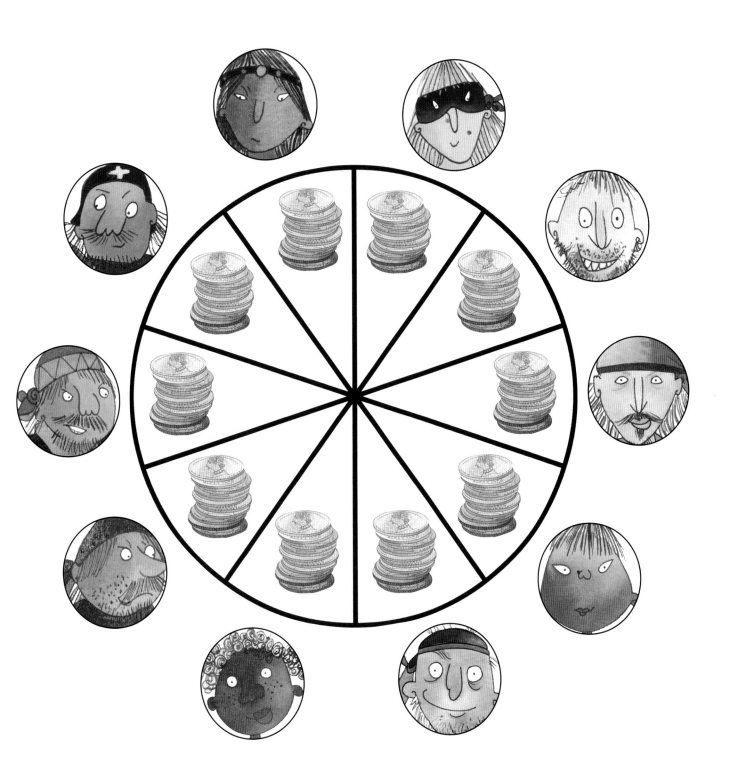

25

肌肉哥特别高兴。他虽然外表看起来像一名硬汉，但其实他的内心特别柔软。他根本不喜欢争执。

五花八门的分配方法

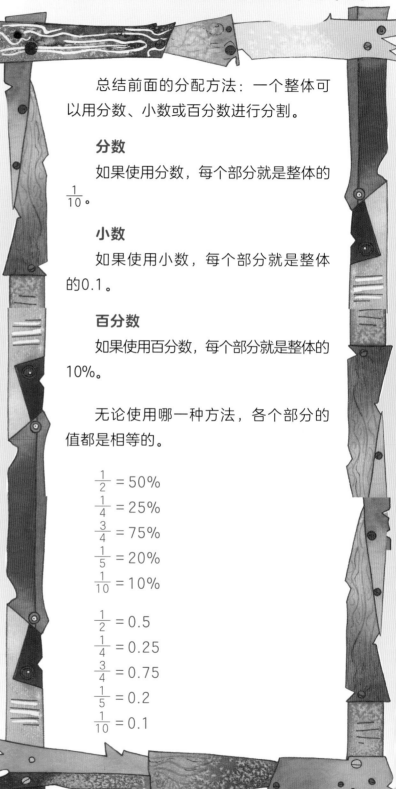

总结前面的分配方法：一个整体可以用分数、小数或百分数进行分割。

分数

如果使用分数，每个部分就是整体的 $\frac{1}{10}$。

小数

如果使用小数，每个部分就是整体的0.1。

百分数

如果使用百分数，每个部分就是整体的10%。

无论使用哪一种方法，各个部分的值都是相等的。

$\frac{1}{2} = 50\%$

$\frac{1}{4} = 25\%$

$\frac{3}{4} = 75\%$

$\frac{1}{5} = 20\%$

$\frac{1}{10} = 10\%$

$\frac{1}{2} = 0.5$

$\frac{1}{4} = 0.25$

$\frac{3}{4} = 0.75$

$\frac{1}{5} = 0.2$

$\frac{1}{10} = 0.1$

就在大家似乎要达成一致的时候，突然传来奇怪的"嗡嗡"声。

有人手持一台金属探测器过来了。

这个人是警长大人！

"哟，哟，哟，"警长说，"看来你们已经找到了宝藏，正好我不必再费力气了。这样的宝藏属于国家财产，所以，我要把它们带走。当然，你们会因为辛勤工作而得到慷慨的奖励——我会给你们每人颁发一张奖状。"

头重脚轻

现在，如果拉拉提分给警长一份宝藏，会不会比空有一张奖状的结果要好呢？不过这意味着参与分宝藏的就有十一个人了，每个人分到的金币会变少！

假如分数的分子有11个部分，表示为 $\frac{11}{10}$，那这个分数就是**假分数**。假分数就是分子大于分母的分数。这意味着这个分数**比一个整体还要大**。

分子大于分母的假分数"**头重脚轻**"，$\frac{11}{10}$ 其实就是整数1加上余数 $\frac{1}{10}$，也可以写成 $1\frac{1}{10}$。

$1\frac{1}{10}$ 这样的分数也叫**带分数**，因为它是一个整数带着一个分数的"组合"。

当然，拉拉提可想不到这些！

　　"笑一个，"警长说，"我需要你们看起来都很开心。毕竟，你们是一群寻宝英雄，这张照片将登上明天早报的头版头条。"

然后，警长就带着金币走了，他要找个安全的地方存放这批宝藏。

第二天，正如警长大人承诺的那样，拉拉提他们的照片上了报纸！十个人，一个也不少！甚至还有一个对肌肉哥的特别采访，他表示因失去金币而不开心。

涂鸦城早报

谁发现了宝藏？

　　一切都乱套了！拉拉提原本想带着手下干一番大事的。

　　接下来，他到底要干点儿什么才能成功呢？

帮帮拉拉提吧！

拉拉提和他的手下本可以分得更多的金币——毕竟他们是找到宝藏的第一批人。如果平分的话，每个人可以分到五分之一，也就是20枚金币。

假设盗贼们分给新加入的五个人每人5枚金币，那总共就是5 × 5 = 25枚金币。盗贼们还剩下75枚金币，也就是75%的宝藏。警长会选择带走哪一边的金币呢！

或者，拉拉提可以给警长也分一份宝藏，一共十一个人分100枚金币，每人9枚金币，还余下1枚金币！但是，警长看起来很正直，所以，这并不是个好主意。

如果拉拉提使用探测器找到的不是金币，也不是300多年前的宝藏，那么，法律可能会允许他留下自己的探索成果吧！

分数都是关于部分的

%即一个分数分母是100时的表示方法

标记小数需要使用小数点

本书中文简体版专有出版权由BrambleKids Ltd授予电子工业出版社，未经许可，不得以任何方式复制或抄袭本书的任何部分。

版权贸易合同登记号　图字：01-2021-3685

图书在版编目（CIP）数据

假如盗贼学数学.平分金币的难题／（英）费利西娅·劳（Felicia Law），（英）安·斯科特（Ann Scott）著；陶尚芸译. --北京：电子工业出版社，2022.3
ISBN 978-7-121-42955-2

Ⅰ.①假… Ⅱ.①费… ②安… ③陶… Ⅲ.①数学－少儿读物 Ⅳ.①O1-49

中国版本图书馆CIP数据核字（2022）第026292号

责任编辑：刘香玉
印　　刷：北京利丰雅高长城印刷有限公司
装　　订：北京利丰雅高长城印刷有限公司
出版发行：电子工业出版社
　　　　　北京市海淀区万寿路173信箱　邮编：100036
开　　本：889×1194　1/16　印张：13.5　字数：92.4千字
版　　次：2022年3月第1版
印　　次：2022年3月第1次印刷
定　　价：128.00元（全6册）

凡所购买电子工业出版社图书有缺损问题，请向购买书店调换。若书店售缺，请与本社发行部联系，联系及邮购电话：(010) 88254888，88258888。

质量投诉请发邮件至zlts@phei.com.cn，盗版侵权举报请发邮件至dbqq@phei.com.cn。

本书咨询联系方式：(010) 88254161转1826，lxy@phei.com.cn。